トンボに学ぶ飛行テクノロジーと昆虫模倣

小幡 章 著

技報堂出版

はしがき

この本はトンボが超小型・超軽量の飛行体として極めて優れていることに気づいてからの、トンボだけが知っていた低速の空気力学およびその応用に関する十数年にわたる科学探検の中身と、それらをまとめた結果得られた新しい昆虫模倣の方法を記したものです。

私は子供のころから飛行機が好きで、大学も航空学科で学び、就職先も航空・宇宙系のものつくり会社でした。そして企業を退職した後も大学の航空宇宙工学科で飛行力学などを教えていたわけですから、航空・宇宙関連のものつくりや空気の流れとそれに関わるものの動きについてなら多少の知識があります。しかし、トンボに関しては全くの素人で、トンボがどう飛ぶのかについてもずっと無関心でした。

トンボに出会ったのは、大学で教えるようになり、たまたまトンボの翅の空力特性を明らかにすることのできる小さな流れの可視化装置を開発して、学生と楽しんでいたときのことでした。当初はトンボよりも低速空気力学に興味があったのですが、トンボの翅周りの空気の流れを調べはじめると、自分を夢中にさせてくれる事実が次々に目の前に現れました。トンボと流れの可視化装置が教えてくれる低速流れの意外性と面白さに惹かれ、それを掘り下げ、応用を図っているうちにあっという間に時が経ってしまいました。

研究を進める途中、繰り返しトンボの持つ空力・飛行性能のすごさを教えられ、それらをトンボ型の飛行ロボットやマイクロ風車に応用するなかで、トンボから学ぶべきことの多さを痛感するようになりました。そして、現在はトンボに代表される飛行昆虫の特性と彼らの進化手順を組み合せることで、ものつくりへの応用が大きく広げられるのではないかと考えるようになりました。

もっとも、私はどんなにトンボが素晴らしくとも応用ができないのではなあ、と考えていたので研究的な成果にはそれほど関心がなく、発表した研究論文も数本です[文献＊1・2]。したがって、別にトンボや低速空気力学の専門家として認められているわけではありません。

しかし、改めて考えて見ると、応用を含めた意味のトンボ飛行技術についてなら、少しは人に話せるかなというくらいには積み上げができたように思います。

私はこの本で次の四点について述べたいと考えております。

①トンボの飛行体としての素晴らしさ（飛行の専門家が見てもすごいのです）

②トンボの飛行に関わる低速領域の空気力学の魅力

（彼らが使っている飛行安定に関わる動的な特性はほとんど知られていません）

③トンボの空力技術を利用して開発した身近な空力機器

（代表例がマイクロ風車です）

④上記空力機器の開発手順と、トンボに代表される飛行昆虫の進化の過程を重ね合わせることから考えついた、生物模倣に関わる一つのものつくりの手順

このうち、①②③は専門も近く、不思議を説き明かし人々の期待に応える科学的新事実は何か、という書き方で、特に違和感がなかったのですが、④は科学とは異質なものつくりの話し

なので、書き方ばかりでなく同じ次元で扱うべきかについても大いに悩みました。

これは、一見、市中に多く出回っている「〜法」と何の違いもありません。しかし、私には従来の手法とは異なる可能性を持っているように思えます。④で提示されるものつくりの手順は、③のトンボの能力を応用した機器の開発手順を整理することで生まれましたが、これまでなかった「もの」の創生にもつながりそうだからなのです。上手くすれば、環境にやさしく、省資源で、なおかつ人の生活を豊かにしてくれものをいくらでも作ることができると考えられます。こんなわけで、あえて科学とは言えないものつくりの手順も紹介させてもらうことにしました。

もっとも、これら科学とものつくりという一見無関係にみえるものをつないでくれたのはネイチャー・テクノロジーですから、完全に非科学的な話というわけでもありません。「ネイチャー・テクノロジー」とは、生物模倣の対象を自然にまで広げ、自然から学ぶことで無駄なエネルギーや資源を使わず豊かで新しい生活システムを創り上げるテクノロジーのことで、5章で詳しく採り上げます。

それでは、偶然出会ったトンボに不思議を感じ、それを調べることによって世界観までもが変わるにいたった私の科学探検譚をはじめます。

目　次

プロローグ  トンボの飛行能力はすごい！

約四十五億年前に太陽系の一員として誕生した地球は、我々の感覚では理解できないくらい長い時を刻み、生命を育んでいます［文献＊3］。今から約三億六〇〇〇万年前から約七〇〇〇万年続いた時代を石炭紀と言います［＊4］。現在、石炭に化しているシダ類が全盛だった時期です。翅を持つ昆虫の最古の化石は、この石炭紀初期の地層から見つかっています。ただ昆虫は化石として残りにくく、恐竜に比べ研究する人もはるかに少ないので、その進化の過程はよくわかっていないそうです［＊5］。

石炭紀を代表する昆虫に、メガネウラという巨大トンボがいます。翅の幅は七十センチメートル以上もあったようです。精密な模型が展示されている［＊6］くらいですから、状態のよい化石があるのでしょう。またそれは当時メガネウラが栄えていたことを示す証拠とも考えられます。

メガネウラは巨大トンボと言われるくらいトンボに似ていますが、彼らから一億年以上も後に登場した今のトンボが共通して持っている形上の特徴を一部備えていないそうです。したがってトンボと分けて考えなければなりません。もっとも、飛行力学的な形態に関してはトンボと差がないように見えます。その後メガネウラは絶滅しましたが、はるかに小さいトンボは二億年以上経った今も絶えることなく栄えています。

メガネウラや原初のトンボが飛んでいたことは証明されていませんが、今のトンボとそっくりの形をしているので飛んでいたであろうと考えられます。約二億年前には花が出現し、昆虫は花と共生することで一大進化を遂げました。メガネウラが現れた石炭紀にはまだ花は存在していませんでした。これら共生型昆虫を次世代型ということにすると、

図 0-1　滑空中のウスバキトンボ

次世代型昆虫はトンボと翅の折り畳み方だけでなく、飛行法に関しても著しい相違点を持っています。飛び方が羽ばたき中心になり、翅の凸凹が弱くなり平滑面が増えています。

昆虫の飛行には羽ばたきと滑空という二つの方法があります。もっとも、滑空らしい滑空をするのはトンボ以外の昆虫で見たことがないので、滑空は極少数派です。滑空中のウスバキトンボを**図 0-1** に示します。チョウも滑空をしますが、トンボの本格的な滑空と異なり、翼面積の大きさを生かして風に乗って空中を移動するといったほうがよいでしょう。

チョウをはじめとする次世代型昆虫は四枚翅を持ちながら、いつの間にか前後の翅をつなぐフックを開発し、飛ぶときには実質二枚にして羽ばたいています。中には、ハエのように後翅が退化してしまった昆虫もいます。羽ばたき飛行は二枚翅で十分なのです。

羽ばたき中心の飛行は、彼らが新しい環境に適合するために最初はあった滑空能力を犠牲にしたのではないかと想像させます。後に説明するように、四枚翅であれば滑空飛行ができますから、この想像はあながち見当外れではないでしょう。次世代型昆虫は周囲環境にあわせて、滑空するよりも、羽ばたきによるホバリング能力と高機動性の獲得のほうを選んで進化したと考えられます。

ところで、メガネウラにせよトンボにせよ初期のトンボ類は、復元図を見ると胸部筋肉が貧弱で、長時間の羽ばたきは難しかったようです。おそらく現在のトンボのようなホバリングはできなかったでしょう。現トンボの羽ばたき飛行能力の素晴らしさは、改めて説明するまでもないと思いますが、その能力は翅の下の胸の部分に埋め尽くされている強力な筋肉あってのことです［＊8］（**図 0-2**）。

どちらの能力が先に取得されたかは別にして、トンボが滑空と羽ばたき双方で優れていることは間違いありません。現トンボは滑空と羽ばたきの両刀使いで、しかも双方

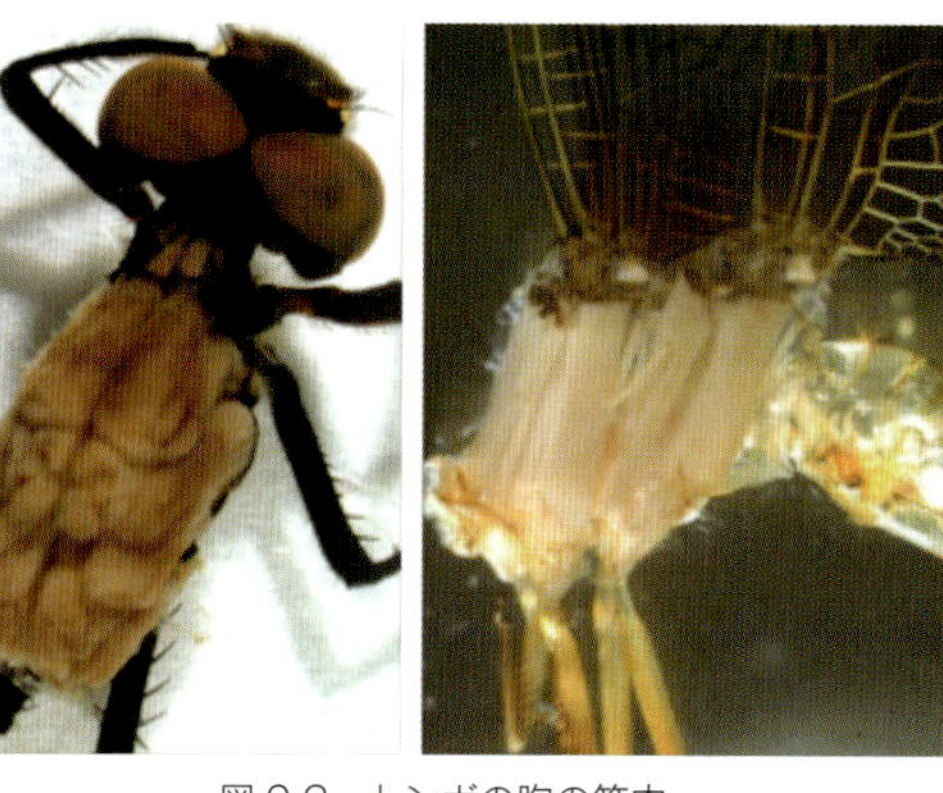

図 0-2　トンボの胸の筋肉

の達人、すなわち昆虫界の飛行スーパーマイスターということになります。

地球環境が変化し続けるなかで、昆虫類は生き残るために進化を続けてきたわけですが、メガネウラをトンボと見なすと、こと飛ぶことに関しては三億五千万年以上前からトンボがナンバーワンの座を占めていると言ってよいでしょう。最近、メキシコからインドまで一万マイル以上の距離を移動するトンボがいることがわかったそうです［＊9］。これは、日本の本州の長さの十倍以上の距離になりますから、滑空をメインにして飛んでいるのでしょう。改めて飛行距離を示されると、トンボはすごいと言わざるを得ません。地上に最初に現れた飛行昆虫と言ってもよいトンボが、はじめからこのような高い飛行のポテンシャルを備えていたことに、生命体の誕生と進化の神秘を感じます。

これまでトンボのすごさを述べてきましたが、そのすごさを応用した「ものつくり」につなげるためには、トンボの形状や性能などをもう少し具体的に評価しなければなりません。そもそも、「飛行能力がすごい」とはどういうこ

となのかを明らかにする必要もあります。

私は数々の模型実験を通して、こと飛行に関して「トンボは本当にすごい」と考えるようになりました。我々が気にもとめなかったトンボの翅や体の形状が、空力や飛行力学の専門家でもあぜんとするような、「超」高度な設計を施されたものだったのです。個々の素晴らしさについては、別途、2章以下をごらんいただくとして、以下にその幾つかを紹介したいと思います。

想像を超えるトンボの派手な飛行は主に羽ばたきによって生まれるので、羽ばたきの素晴らしさに目を奪われがちですが、実は滑空能力にも素晴らしいものがあります。私が着目したのは、このトンボの滑空能力です。トンボの翅を細断して写真に撮って拡大すると、断面が凸凹していることがわかります。本当にこれでちゃんと飛べるの？　と思うくらい凸凹しています（**図 0-3**）。

これは、考えてみると不思議なことです。飛行機の翼は

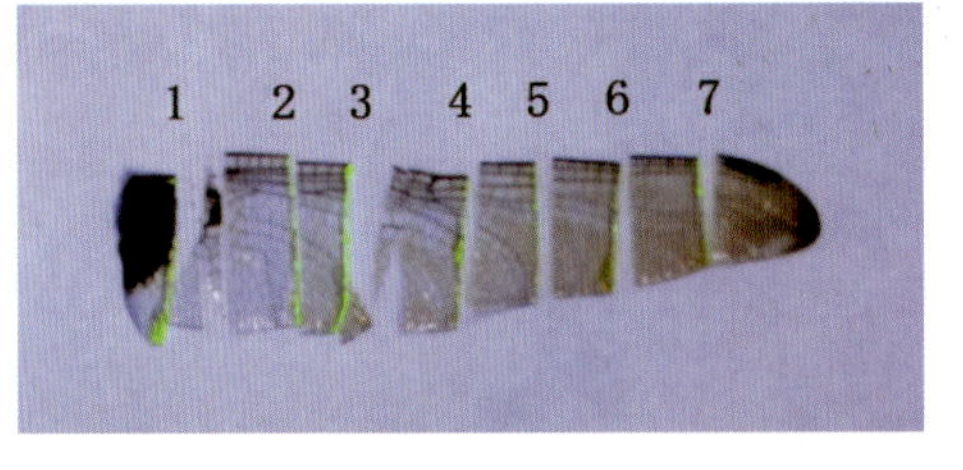

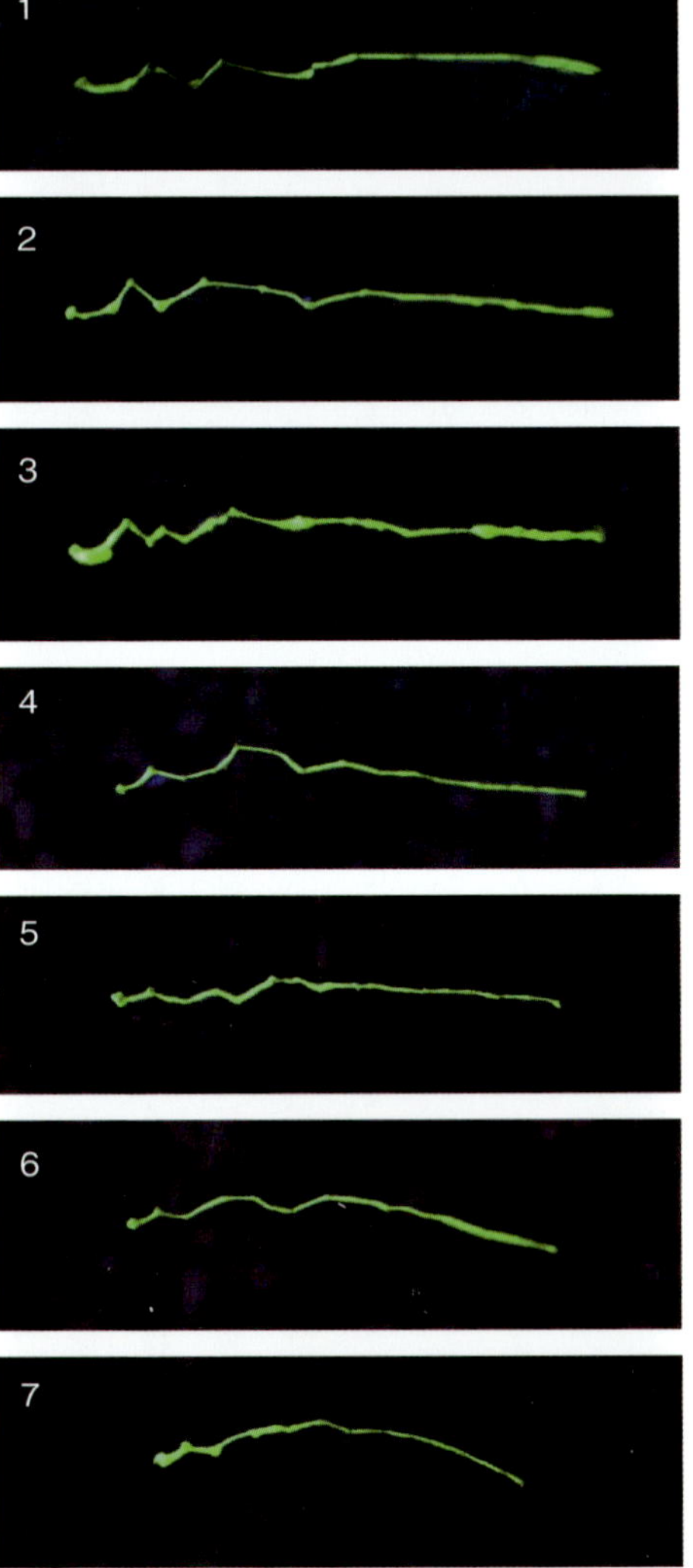

図 0-3　シオカラトンボの翅断面（右，後翅）

流線型をしているのに、同じ空を飛ぶトンボの翅はなぜ凸凹しているのでしょうか？　翼が流線型でなくてどうして飛べるのでしょう？　このほかにも、トンボと飛行機を比較してみると、上手く説明できないところがたくさん出てきます。

　例えば、飛行機の主翼は一つですが、トンボの主翼は二つあって前後に並んでいます。これについては、飛行機も水平尾翼を勘定に入れると翼としては前後二つになると考えられなくもありません。しかし、トンボは飛行機の垂直尾翼に相当する方向安定板を持っていません。方向安定板がないのに、どうして真直ぐ飛べるのでしょうか？　滑空中にしっぽを左右に動かしているようにも見えませんから、これも考えてみれば不思議です。

　さらに不思議なのは、風の中を低速で滑空できることなのです。我々は当たり前のこととして疑問にも思いませんが、飛行機としてみると驚異です。トンボは小さくてしかも方向や速度を急に変えるので、その飛行速度を正確に測ることは難しいのですが、見た感じでは最高で毎秒十メートルぐらいでしょうか。一方、ゆっくりと滑空しているときには、トンビのように風の中で空中静止することがあります。これから推測すると、草地を時々羽ばたきしながらゆっくり滑空しているときの速度は、無風状態で毎秒二メートルくらいに思われます。ところで、屋外では毎秒一メートルぐらいの風はしょっちゅう吹いていますし、しかも風はどの方向から来るのかわかりません。すなわち、トンボは自分の飛行速度の半分くらいの強さで吹いている、向きのわかりにくい風の中を平然と滑空していると言ってよいことになります。

　飛行速度の半分の風が方向を定めず吹いている環境は、飛行機には厳しすぎます。例えば、トンボを軽飛行機に見立てると、台風並みの毎秒四十メートルの風が吹く中をその倍の速度である時速三〇〇キロメートル弱の速度で飛んでいることを意味します。台風の中を軽飛行機が飛ぶなど考えられませんし、そんなことは許されてもいません。飛行機ではあり得ないことを、トンボはどうして実現できるでしょうか？

　これらについては、すべてが解き明かされたわけではありませんが、その鍵となるようなトンボの空力的、飛行力学的な特性を幾つか明らかにできたように思います。後に詳しく述べますが、以下に、新しい流れの可視化法と模型実験によって知った驚くべき事実を幾つか紹介します。

トンボは凸凹している翅の周りに巧妙に渦を作り、凸凹による山谷の周囲の流れを整形して、あたかも空気でできた流線型の翼を作っていると考えられます。この論拠となる、トンボの低速飛行を模擬した翅周りの流れを**図 0-4**に示します。概ね速やかな流れを示す領域の内側の、翼の付近の渦らしき部分だけ黄色に着色したものですが、黄色領域が見事な流線型をしていることがわかると思います。トンボは凸凹の翅の周りに渦を使って空気の流線型の翼を作っていたのです。トンボが見えない空気をどのように意識しているのかも不思議ですが、流線型を知っていたことはもっと不思議です。

次に驚いたのは、この空気でできた翼の形が、前から強い風を受けても崩れないことでした。空気の塊でできた翼は強固ではありませんから、風を受ければ形を変えるはずです。トンボの空気翼の形が崩れないのはなぜでしょうか？　それは翅の凸凹のお蔭なのですが、それを考える前

レイノルズ数 Re=7 000，迎え角 5°　　露出　0.5s

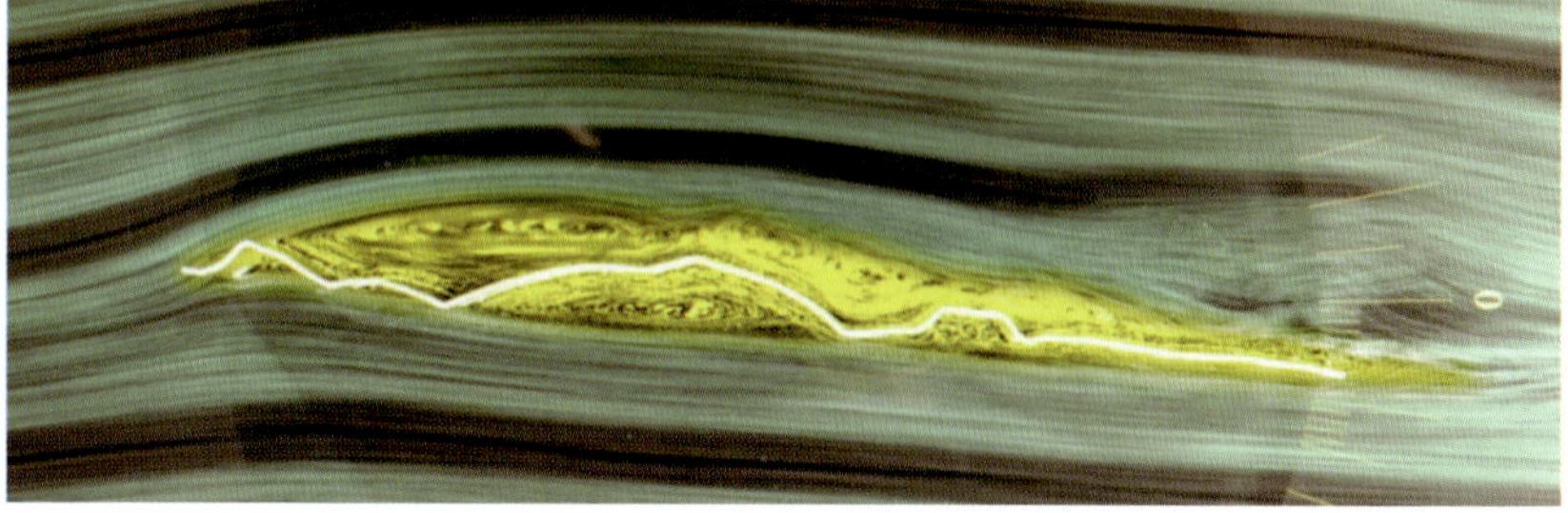

レイノルズ数とは，流体中にある物体のサイズと移動速度を乗じたものに比例する数で，7 000 は葉書大の飛行機がゆっくり飛んでいる状態に相当します。

図 0-4　ギンヤンマ前翅翼端側 75%の流れ

に遅い流れの性質を少し復習しておきます。

紙飛行機がゆっくり飛ぶような速度では、後述のように、空気はねっとりとした流れになってきます。空気の流れは、「翼の形」と「質量を持つ空気の塊を動かすために必要な力」、「空気の粘りによる（ねっとりとした）力」という三つの要素で決まるのですが、流れが遅くなったり翼が小さくなったりすると、空気の質量に関わる力よりも粘りによる力のほうが強くなってくるのです。空気が極端にねっとりしてくると、翼の上の流れを止めたり、大きな渦を作ったりします。空気は翼に接するところだけは滑ることができず流れを止めますが、普通は翼に接するところ以外では止まりません。しかし、極端にねっとりしてくると空気間の粘りが利いてきて、滑らかな流れの場合には翼表面から少し離れたところの空気まで流れが止められ、よどみになってしまいます（**図 0-5**）。

つまり、翼が滑らかな形をしている場合、翼の速度とサイズの減少が極端になると翼の上に流れのよどみができてしまい、空気が翼に沿って流れなくなってしまうのです。このよどみと外の流れを分ける板のようなものはありませ

レイノルズ数 Re=7 000　　露出 1.0s

図 0-5　NACA 4418 周りの流れの様子

んから、よどみは前からの風に応じて形を変えてしまいます。超小型機を屋外でゆっくり飛ばそうとするときには、この形を変える性質が風のある環境での安定した飛行を妨げることになってしまい、これは解決困難とされていました。これが紙飛行機レベルの超小型軽量機が室内飛行専用とされている大きな理由なのです。

トンボはこの難問を、凸凹の翼断面で渦を作って外側の流れを流線型にすることで、しかもその形を凸凹の最初の山で守るようにして、速度が急に増えたぐらいでは全く変わらないようにして解決していました［＊1］。空気でできた翼が、飛行速度の変化によっても形を変えないとは信じられないことですが、時間平均的にみれば事実なのです。以上の知見はトンボの翅を真似た翼を作れば、風の吹く屋外でもゆっくりと飛べる超小型の飛行体を作れることを示唆します。

これだけではありません。トンボの形にも飛行に関する秘密がありました。トンボを上から見て、前後の翅をまとめて一枚の薄板に置き換えると翅と胴体が十字形になります。翅は大きいけれども軽量ですから、重さの分布にするとまさに十字形をしていることになります。物体の質量分布は、その物体を思うように動かせるかどうかの鍵を握っています。特に横幅の大きい飛行機の場合には、それに気を付ける必要があります。胴体がなくて翼だけの、上から見て横長の一文字型になる無尾翼飛行機が大きくロールしようと思うと、ほかの軸周りにも回転をはじめてしまい、素直なロール運動はできません。竹とんぼの軸を短くしていくと、ある長さできれいな回り方ができなくなるのと同じ理由です［＊10］。一方、質量分布が十字形だと極端なロールを急激に行っても素直にそれを実行できることが動力学から予測されていますから、トンボは激しい回転運動が得意であることが想像できます。参考までに、第二次大戦中に日本で開発されたゼロ戦は、運動能力が極めて優れていたことで有名ですが、ゼロ戦の重さの分布は十字に近い形をしていました［＊11］。

これだけではなく、トンボの空力効果を踏まえて作成したトンボ型の紙飛行機は普通の紙飛行機ではあり得ない特性も持っていました。まず、腹（トンボはしっぽに見えるところを腹と言います）を水平にして真直ぐ飛ぶようにします（**図 0-6**右）。次に、そのままの状態で水平になっている腹を下に三十度折り曲げて飛ばしても、頭を突っ込まずそのままでちゃんと飛ぶのです（**図 0-6**左）。

これにも驚きましたが、凸凹翼を持つトンボ型紙飛行機が極めて優れた直進性を示したことは、トンボには何かあるぞと思わせる発見でした。

翼幅二十センチメートル程度の紙飛行機の場合、腹はストローで作れますから、その中に割った割り箸の片方を挿し込めば、それを振るだけで前に飛ばせます。つまり、割り箸は最も簡単な発射ランチャーというわけです。屋外で、十メートルぐらい離れて二人の学生を立たせ、このランチャーを使って紙飛行機を交互に投げさせると、キャッチボールならぬキャッチトンボを楽しめます。慣れてくると、ほとんど相手の手の近くに投げることができます。滑空速度より少し早く投げると、十メートルぐらいは高度を落とさずに真直ぐ飛びながらも、普通の紙飛行機と違って速すぎないため手で簡単にとらえることができるのです。また、普通の紙飛行機は紙の変形で次第に真直ぐ飛ばなくなりますが、トンボ型紙飛行機は三十分間このキャッチトンボを

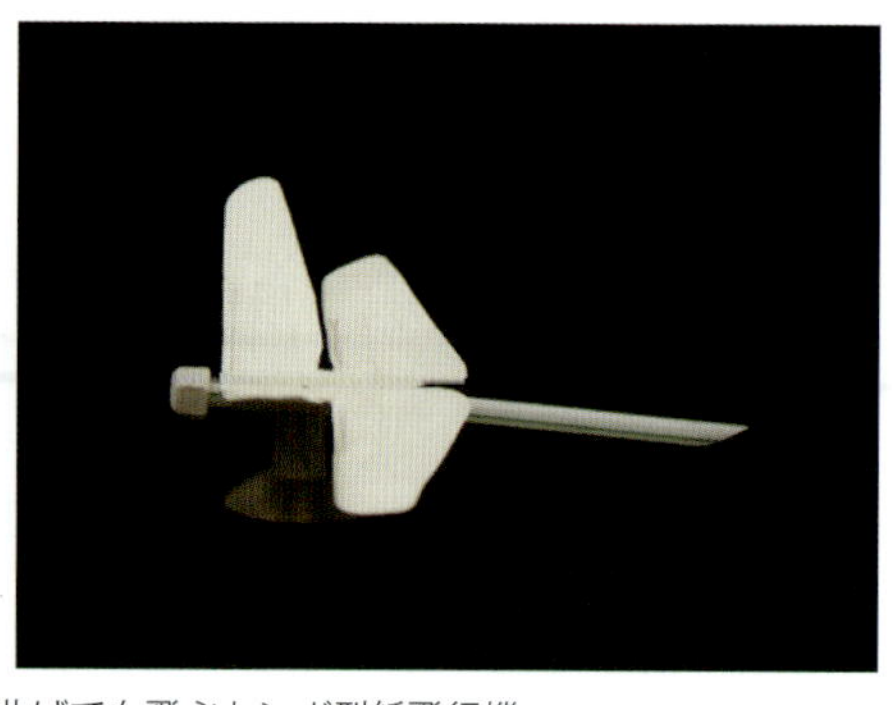

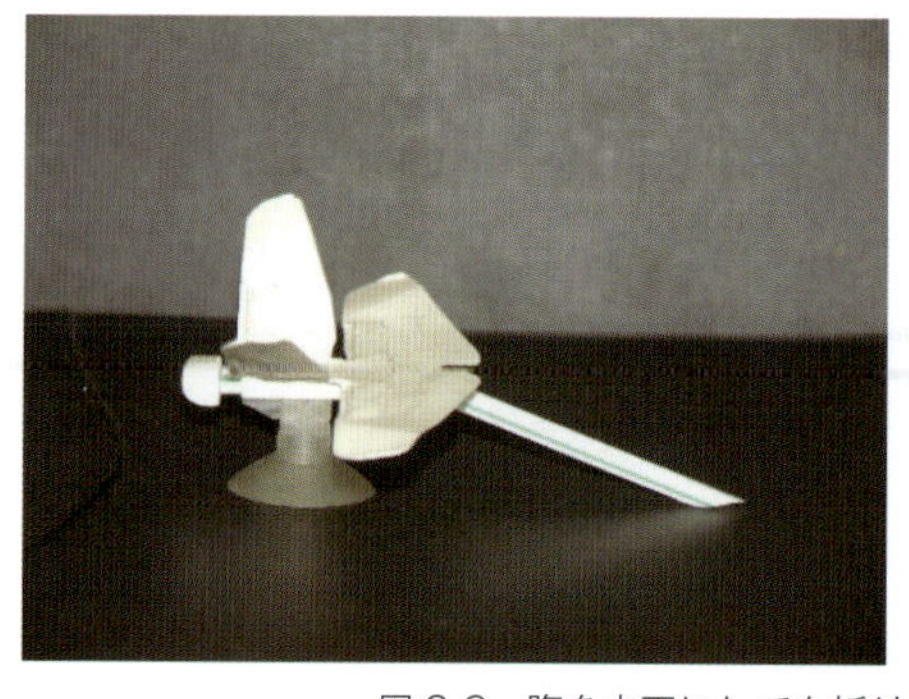

図 0-6　腹を水平にしても折り曲げても飛ぶトンボ型紙飛行機

風

1

2

3

4

5

6

図 0-7　向かい風の中を真下に降下するトンボ型紙飛行機

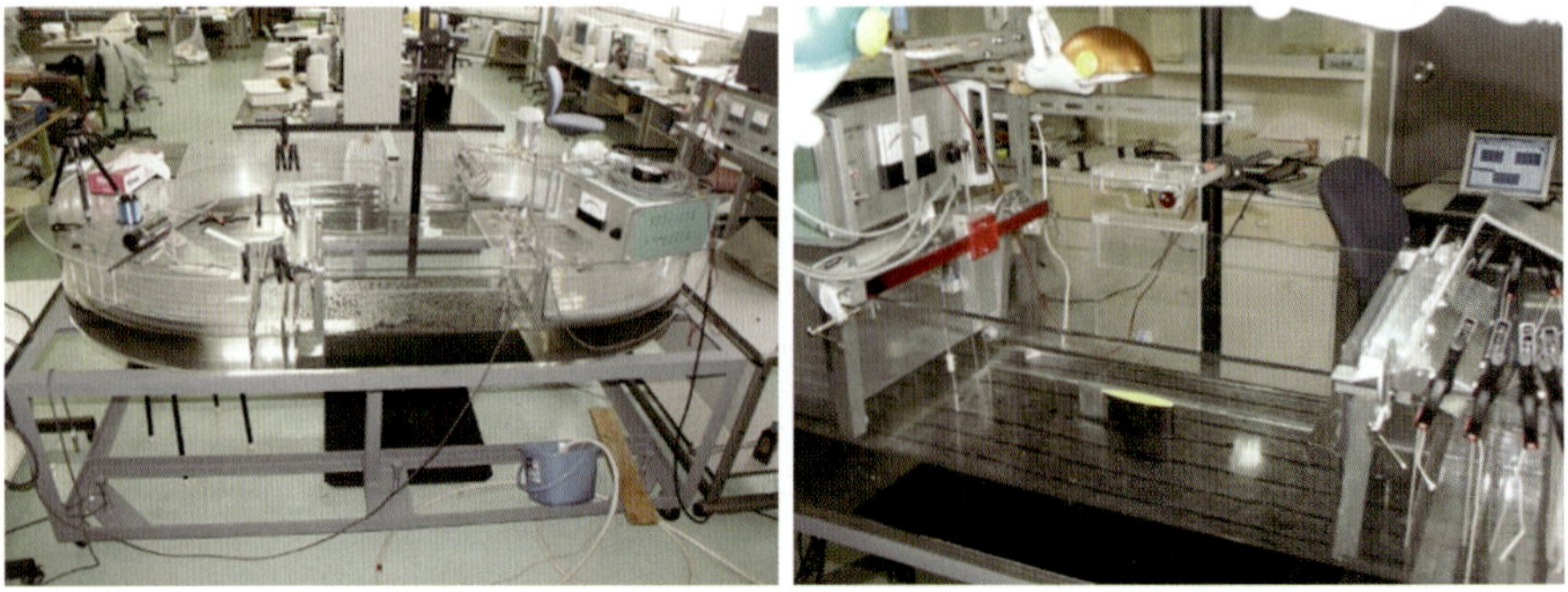

全景（1.8m×0.9m）

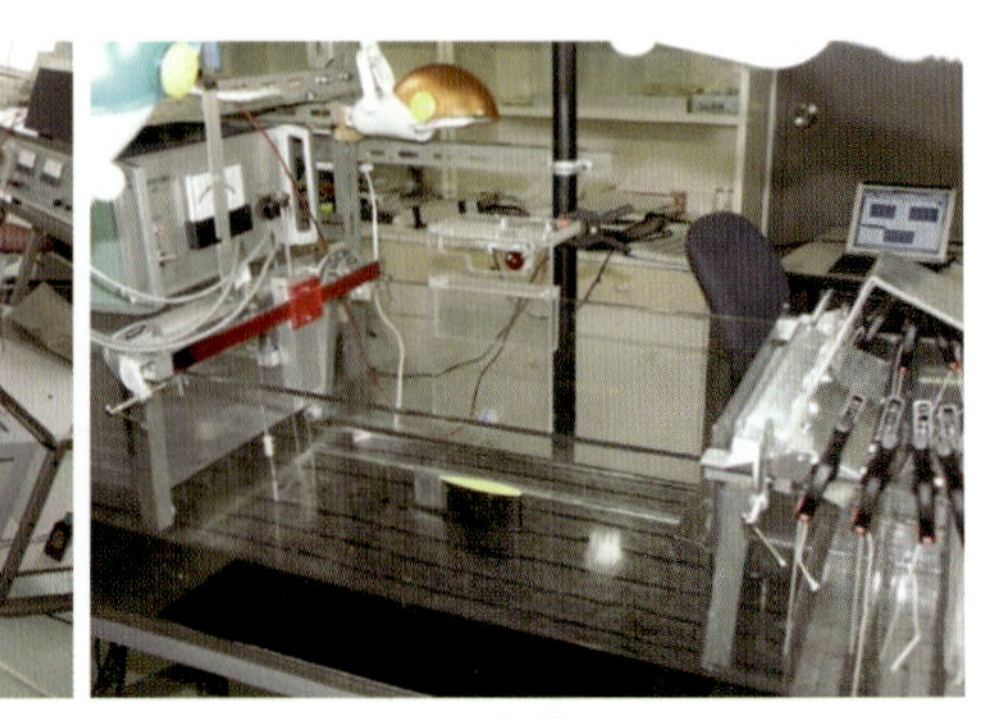

計測部

図 0-8　回流式小型可視化水槽

続けても真直ぐ飛んでくれます。

さらに、こんなこともありました。前から毎秒三、四メートルの風が吹いているときに、このトンボ型紙飛行機を風速に合わせて前に軽く押し出してやると、エレベータのように真下に降りて行ったのです（**図0-7**）。風に正対して放せなかったときでも風に煽られて持っていかれることもなく、風に向かいながら横に滑っていって着地します。トンボ型紙飛行機の直進安定性を示す良い例と思われます。固定翼式超軽量飛行体が喉から手の出るほど欲しい飛行安定性と言ってよいでしょう。ここで、トンボの凸凹翼の秘密を知るに至った経緯について簡単に触れておきます。

トンボの研究をはじめる前になりますが、私は表面流れを可視化する小さな水槽（**図0-8**）を考案して、木の葉が舞うような超低速の世界で面白い空力現象はないか調べていました。後に詳しく説明しますが、水の流れでも空気の流れを正確に表すことができるのです。実験を進めてみると、従来の空気力学では説明できないようなことがたくさん現れてきました。それだけでなく、これまでの常識では考えられないような高揚力発生装置が上手くいったりしました。ますます面白くなり、この超低速飛行の世界に夢中になっていきました。そのころ、偶然、トンボの飛行に研究テーマを絞るきっかけがあり、さらには本格的な実験ができる大きな可視化水槽を作れるチャンスがめぐってきました。自ら設計した回流式大型可視化水槽（**図0-9**）が順調に稼働しはじめてからは、トンボに焦点を絞って、その翅周りの流れの研究を進めたことが、先に紹介したトンボ型紙飛行機の優れた特性の理解につながりました。

可視化水槽で得たトンボ翼の空力知識が道標となって、少ない労力でトンボ型紙飛行機の特性が把握できたような気がします。また、可視化水槽によって科学的裏づけを得たことが、よくわかっていないトンボ技術の秘密を明らかにする勇気を与えてくれました。

さて、私はトンボがこんなにすごいのなら、超小型のRC（リモコン）飛行ロボットにトンボの翅や体の形状が使えるに違いないと考え、超低速流の研究と平行して応用研究もはじめました。紙飛行機の試作からはじめて、もくろみどおり、屋外では飛ばすことが難しいと言われていた超小型超軽量のRC飛行ロボットを屋外でもかなり自由に飛ばせるようになりました（**図0-10**）。トンボが空気の粘性を極めて巧妙に利用して低速でも揚力を出す方法を、超小型超軽量機に応用することができたのです。

トンボの翅の可能性を信じて、次はトンボの翅の空力技術を、誰でも知っている空力装置であるマイクロ風車へ応

用することにしました。これも4章で詳述するように、直径二十センチメートルぐらいの超小型紙風車からスタートして、直径一メートルのものを屋外に並べられるところまできました（**図0-11**）。

ここまで来ると、トンボ教の信者になったようなものです。元々ものつくりに強い関心があったので、トンボ技術

全景（6m×3m）
図0-9　回流式大型可視化水槽

図0-10　屋外飛行中のRCトンボ型飛行ロボット

図0-11　1m径マイクロ・エコ風車

の応用範囲はもっと広げられるはずだと考えるようになりました。当然、風車とは逆に積極的に風を起こすファンへの応用もトライしました。それなりに成功したとは思いますが、そのころからトンボの空力技術のみでは、それ以上の応用展開が難しいと考えるようになりました。

　昆虫界におけるトンボの神秘的ポジションを考えると、トンボに秘められている知恵はこんなものではないはずだという思いが募ってきます。トンボ技術をより広範囲に応用することはできないのでしょうか？　いつしか工学と生物の接点を見直す必要があるのではないか、と考えるようになりました。

　ものつくりはある意味改良の連続ですから、生物の進化と関係づけられるはずだという思いがありました。そして具体的に、トンボなどの飛行昆虫の知恵を組み込んだものつくりはできないものかと次第に考えるようになりました。さいわい、従来型の生物模倣とはアプローチが異なるある方法を思いつきました。それから先は、ものの改良と生物の進化を重ねて考える、新しいものつくりへの挑戦でもありました。誰も踏み込んだことのない世界ですから、

道標もなくて楽ではありませんでしたが、最近ようやく一つの道が見えてきたような気がします。飛行昆虫の機能を抽象化して「ものつくり」の最初に埋め込み、次いで生物の進化を参考に「もの」を進化させる、というものつくり手順が成立しそうなのです。トンボの研究から紙飛行機をマイクロ風車に進化させた経験を、進化論と関係づけたと言えるでしょう。私はこのものつくり手順を「進化アルゴリズム」と称することにしました。これについては5章で詳しく説明したいと思います。

　このものつくり手順の特徴は、生物模倣のあり方に自由度を持たせた分、生みだされるものが結果的に多様性を持つということです。つまり、生物モデルと工学アウトプットが必ずしも一対一に対応しない、多様性を持つ新しい生物模倣技術です。改めて、それまでのトンボ型飛行ロボットやマイクロ風車の開発プロセスを見直してみると、これらが進化アルゴリズムに則っていたことがわかります。これらは実用にこそ至っていませんが、各々超軽量装置として十分に可能性があります。

　しかし、トンボ型飛行ロボットやマイクロ風車の開発プ

ロセスにおいては、アルゴリズムが従的位置づけにあってよく見えません。そこで思い立って、身の回りの雑作業を楽にするものが、専門知識なしの状態から進化アルゴリズムでできるものかどうかを試みました。対象は、どうせできないだろうと、これまで考えもしなかったものばかりです。できたものはすべて、普通のアイディア品とは違うという確信を抱かせてくれました。従来からあるものとは異なる魅力を持つように感じさせるのです。

その中の幾つかは、心地よい使用感があり、毎日の生活に欠かせなくなりました。これらは、科学的な専門知識がなくとも進化アルゴリズムは使えそうだという感触を与えてくれました。一種の生物模倣とも言える進化アルゴリズムにある程度の自信が持てるようになりました。

エピローグで紹介する持続可能な社会と生物多様性の関係をはじめて総括的に論じた［*12］著名学者との交流も後押しとなって、自分の科学的探究から進化アルゴリズムに至る経緯を著すことを思い立ちました。

流れの可視化からはじまり、トンボの翅やトンボの形の示す「超」と言ってよい機能、その機能のトンボ型飛行ロボットやマイクロ風車などの空力装置への応用について記述していきます。ここまでは、すべて実験で得られた結果を元にした話です。そして、最後の5章で科学探検の結果得られた、昆虫模倣によるものつくりの方法を述べます。そこでは事実と言うよりも、ものつくりに関する新しい考え方とその手順を示します。創造にかかわる仕事をされている方々、技術に行き詰まりを感じている方々にとって少しでもヒントになれば幸いに思います。

なお、トンボの飛行や空気の流れを理解するうえで最低限必要な航空用語の説明と低速流の特徴に関する説明を付録Aに添えました。また、5章で述べる進化アルゴリズムを身の回り品に適用して作った一つの例を付録Bに添えました。

1章　低速空気力学と流れの可視化

渦と流れに魅せられて

私は航空系の大学院で空気力学と飛行力学を学びはじめたころから、ものの動きに付随して身の回りにできる渦に美しさを覚え、以来、その挙動に強い関心を持つようになりました。ここでいう身の回りの渦とは、風のないときにタバコの煙が示すような渦を意味します。実用性は全くないと言えますから、航空技術者を志した自分が後年、物体のゆっくりした動きに伴ってできる渦を研究することになるなどとは当時は思いもしませんでした。

実は、身の回りにはこのような渦があふれているのですが、ほとんど見ることができません。「ゆっくり」がどの程度のものかというと、空気で言えば、人差し指を立てて左右にゆっくり動かす速さとか、木の葉がひらひら落ちる程度の速さを意味します。

企業での比較的長い開発経験を経て、大学勤務となったことを機に、渦の可視化を試みることにしました。幸運もあって、非常に遅い流れを、そこにできる渦も含めて詳しく観察することのできる装置の製作に成功しました。この装置を使って渦の観察を楽しんでいたころ、二〇〇五年に大学でトンボの飛翔研究をすることになり、その仲間に入りました。関連する実験的な研究をはじめた結果、幾つかの興味深い発見をしました。

トンボが滑空しているときの速さは、まさに上で述べたゆっくりした流れに相当します。トンボに関わる話は後に詳しくしますので、まず、これらの研究を可能にした、ゆっくりとした空気の流れを可視化する方法とその結果について紹介します。

技術の進んだ現在でも、新しい現象を理解するにはその仕組みを自分の眼で見ることが一番です。しかし、身近な世界にある流れと渦がどんな関係を持つのかを知りたいと思っても、そう簡単にことは運びません。通常、きれいな渦を作るものは小さすぎたり動きが遅すぎたりして、仮に煙で見ようと思っても、詳しく調べるのは難しいのです。水を使っても、ほかの方法が考えられなくもありません。水を使っても、ある条件を満たせれば空気中と同じ流れを再現できるのです。水も空気も流体ですが、流体であればその性質と環境が決めるある数値を同じにしさえすれば、物体の形が同じという条件の下で物体周りの流れも全く同じになることが知られています。

その数値とは流体の持つ「勢いの力」を流体の持つ「粘性の力」で除したレイノルズ数のことです。とりあえずレイノルズ数は、流体中を動く物体のサイズに比例し、なおかつ動く速度にも比例する数値だと考えてください。同じ飛ぶにしても、ジャンボジェットとハエを比較すると、サイズで一万倍、速度で一〇〇倍ぐらい違いますから、レイノルズ数は一〇〇万倍ぐらい異なることになります。レイノルズ数の定義式や使い方については付録Aをごらんください。

私が知りたかったのは、この中のハエやトンボやチョウの飛行世界だったので、レイノルズ数が違いすぎてジェット機の世界の飛行常識は必ずしも通用しません。残念ながら、ハエやトンボは航空工学の対象ではなかったので、彼らの空気力学は我々にとって未知の世界でした。詳しく知りたければ、自分で調べるほかありません。

空気も速ければ勢いの力を持ちますし、少ないながら粘性も持つので、物体サイズと流速を決めればレイノルズ数を計算できます。計算から、トンボの翅周りの空気の流れは模型飛行機の翼が水中を緩やかに動くときと同じくらいであることがわかりますから、上手くすれば水を使ってトンボの翅の実験ができます。

もっとも、空気の流れを調べる風洞と水の流れを調べる水槽には、それぞれ得意領域や限界があって都合よくいきません。ただ、低速流の場合、水槽設計に工夫をすれば、既設風洞で実験するよりも模型をかなり大きくできます。模型サイズを数倍にするだけで、それまでよりはるかに詳しく流れの様子を知ることができますから、低速流を水槽で実現することは魅力的です。

問題は、水の流れをどのように可視化するかということになります。これができなくては、どんなに良い水槽ができても先に進めません。最低限、流れている水の表面に流れの様子がわかる線を作り、翼性能の基本である二次元特性を知りたいものです。水面はほとんど上下の動きをしませんから、同じ断面をした模型を上から水中に貫通させれば模型周りの二次元流れを水面で評価できます。次いで、水中にある翼端から出る渦も見えるようにしたいものです。

可視化でわかったゆっくりとした流れの性質

どうしたら、ゆっくりと流れる透明な水に流れを示す線を付けられるでしょうか？　これはかなり難しい問題です。これまでは、水の流れの可視化を掘り下げようとする人は少なかったようです。流れの可視化法が理論というよりもアイディアの世界に属することが理由だと思われます。空中なら、線香などの煙で流れ方を知ることができます。しかし、水中では煙を作るわけにもいきませんし、特に流れの線を作り続けることは難しいことです。

私は、小さな回流水槽（計測部の幅三十五センチメートル、**図0-8**）を作って各種の実験しているうちに、水の上に浮いた紛体が作る形は崩れにくいという面白い性質があることに気づきました。これが水面に線香の煙のような流れの線を作る方法に結びつきました。この方法は、流れの線を作るための継続的な材料補給を要しませんから、一日中でも観察し続けることができるという大きなメリットがあります。できた流れの線と超低速流の性質をよりよく理解していただくために、後に作った大型水槽で得られたわかりやすい写真を使って説明したいと思います。

小型可視化水槽を元にして後に作った大型可視化水槽（計測部の幅七十センチメートル、**図0-9**）で得られた流線型翼周りの流れの例が先に説明した**図0-5**というわけです。写真の例は水面に細かいアルミの粉が浮いていて水とともに動いているところを、露出時間を一秒にして、動いているものは線に、止まっているものは点になるようにしたものです。水より重いアルミが水に浮く理由は、水の表面張力のせいなのですが、その説明は略します。レイノルズ数は七〇〇〇で、翼型はＮＡＣＡ４４１８、そして翼は揚力が出るように流れに対して五度上に傾けています（ＮＡＣＡはＮＡＳＡの前身で、４４１８は翼型の特徴を示す数字です）。このレイノルズ数はトンビの滑空とトンボの滑空の中間くらいの流れの世界を意味します。

　写真の場合、流れは黒い線で表されていますが、翼上面の後縁側に白い点が多数見えます。黒い線は流体が露出時間中に揺れないで動いている様子を示す線で、流線と言います。水の表面に流線を作ることができています。翼の流線がわかると、翼の空力特性を理解するうえで大変役に立ちます。流線と翼の間の、白い点が多く観られる領域は流れがほとんど止まってしまっていることを示しています。ジェット機の翼ではこのような現象は起きませんから、これは、レイノルズ数が低いため、水の粘性力が勢いの力に勝ってきて流れを止めやすくしているのではないか、となります。ここで粘性力とは、薄い流れの層同士が互いに粘り付こうとする力だと考えてください。流体は壁面で滑ることはできませんが、レイノルズ数が低いと壁面だけでなく壁面から離れても粘性力の影響で流れが止まってしまう可能性が高くなるのです。翼面上の流れが止まると、飛行にとっていかに不都合かは以下に述べるとおりです。

　これは、翼が流れの一部を引きずって動いているということと同じですから、飛行に置き替えると、止まっている空気の一部を翼の速度まで加速させていることになります。翼は頼まれてもいない余分な仕事をせざるを得ないのです。結果的に、空気が翼の周りを何事もなく通り過ぎることができる場合に比べてはるかに大きい抵抗を示すことになります。

　また、この写真から流線が翼の上下で概ね対称形をなしていることがわかります。揚力は、翼上下の流線の平均的曲がり方が上（あるいは下）に凸になっていないと出ませんから、この流線型の翼はレイノルズ数が七〇〇〇くらいの低い世界ではほとんど揚力を出せません。当面、翼の上下全体で上に凸に流線が曲っていると上に揚力が出ていることになり、揚力の多寡は流線の曲がり方に比例すると思ってください。

揚力が出ず、抵抗が大きければ落ちるだけですから、流線型といえども超低速の場合には翼としては使えない、ということになります。ＮＡＣＡ４４１８はいささか古い翼型ですが、最新の航空機用翼型にしても事情は変わりません。流れに対するレイノルズ数の影響がよくわかると思います。この流れの可視化装置によって、超小型翼周りの空気の流れを簡単に知ることができるようになりました。なお、この可視化法は流速が毎秒〇・一メートル以上になると流線が乱れてしまい、使えません。この先の研究のことを考えると、昆虫が飛行する低速流の世界と、この可視化法の成立域が概ね合致したことは幸運としか言いようがありません。それはさておいて、話を小型可視化水槽に戻します。

この手作りの回流式水槽を使って、低速流れを知るためにさまざまな模型について多くの実験を重ねました。最初は円柱周りの流れがレイノルズ数によってどのように変わってくるかを明らかにする実験への挑戦でした。この装置に、流れてくるアルミの粉だけをせき止められる板を取り付けました。せき板前にアルミ粉がある程度溜ったところで水を止め、せき板を引き上げると、水の表面張力がアルミ粉の境界線を水の方向に引っ張って、アルミ粉からなる表層流れを作ります。この表層流れは、すぐに引っ張り効果が薄れて極めて遅い流れになります。水の流れとは別にアルミ粉の極めて遅い表層流れを短時間作ることができるのです。また、下の流れを止めなければ、アルミ粉表層が水の流れに乗った、水よりもずっと速い表層流れを表層解放直後に作ることもできます。後者の場合、アルミ粉は水より重いので、その表面層の平均密度も上がり、速度を上げればレイノルズ数が大きいケースを模擬できることを予想させます。

このようにして、同一水槽を用いながら、せき板の使い分けで、極めて遅い流れ、水槽本来の流れ、水槽よりも実質的にはるかに速い流れの様子を観察することができるようになりました。この方法の弱点は短時間しか観察できないことと正確なレイノルズ数が算定できないことですが、レイノルズ数の大小に応じた流れの傾向はわかります。正確なレイノルズ数よりも、レイノルズ数の違いが流れに及ぼす影響に関心があったので、あえて実験を試みました。

同じ水槽で作った三種類の円柱周りの流れを写真で紹介します。最初の**図1-1**はレイノルズ数が極端に小さいケースです。このとき、円柱周りの流れは意外にスムースであることがわかると思います。先程紹介した、流れが止まるところのある翼型ケースよりスムースだとも言えます。

次の**図1-2**はレイノルズ数が一六〇〇のときの円柱周りの流れの様子です。円柱の後ろで流れが周期的に大きく揺れていて、しかもその領域はかなり広いものです。

最後の**図1-3**が、レイノルズ数がさらに大きく増したときの流れの様子です。円柱の後ろにできている乱れた領域が、レイノルズ数一六〇〇のときに比べてずっと狭くなっていることがわかると思います。

ゴルフボールにはディンプルという小さな凹みが四〇〇個ぐらい付けられていますが、その理由を説明する現象です。表面をツルツルにしたゴルフボールの場合の流れは**図1-2**に近く、乱れた後流域が広いので抵抗も大きくなっ

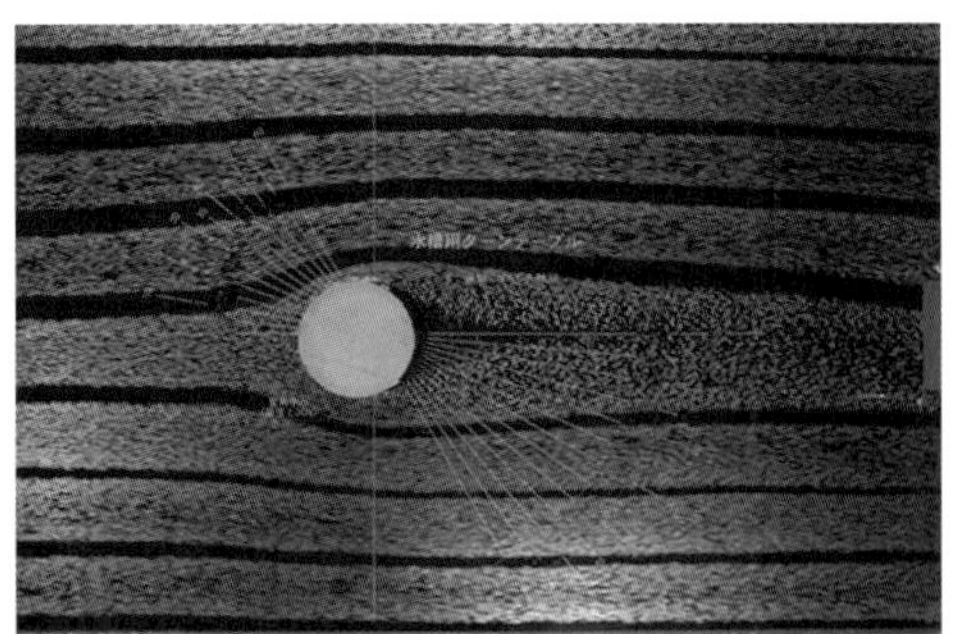

レイノルズ数 Re が 1 から 10 と思われる超低速の流れ（意外にスムースです）

図 1-1　円柱周りの超低速流れ

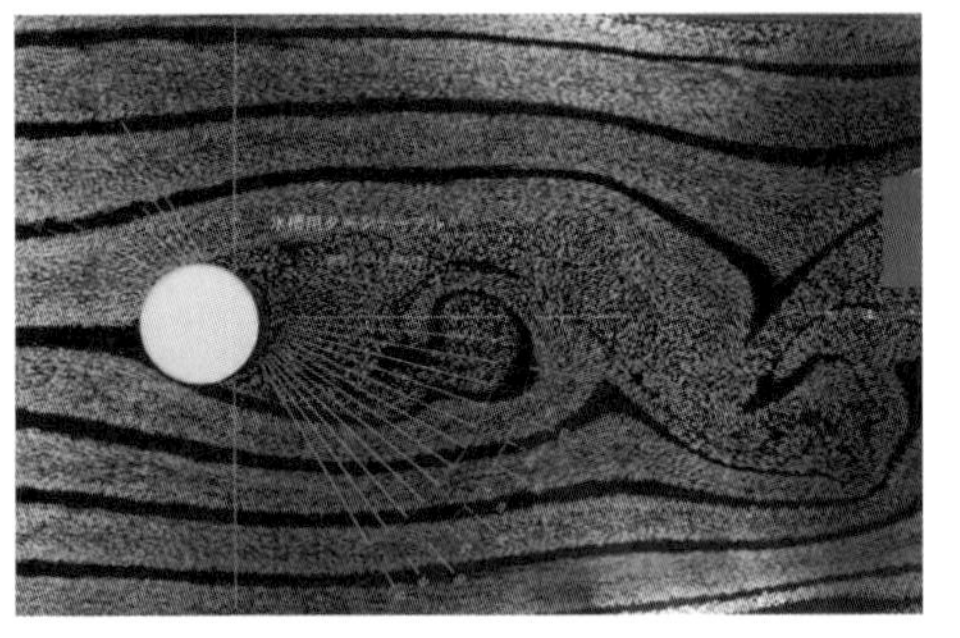

レイノルズ数 Re が 1600 の流れ（昆虫の世界）

図 1-2　円柱周りの低速流れ

レイノルズ数 Re が 10 万以上の流れ（軽飛行機の世界）

図 1-3　円柱周りの高速流れ

てボールが思うほど飛びません。表面がツルツルのボールはプロが打っても一〇〇ヤードくらいしか飛ばないと言われています。一方、ディンプルのついたボールだとプロは皆、三〇〇ヤード近く飛ばします。流れの様子の違いが飛距離に与える差は大きいものです。

ディンプル効果は流体力学的には次のように表されます。表面に小さな凸凹をつけてその近くの流れを乱すと、局部的な速度が上がり、粘性力に対する流れの勢いの力の比（レイノルズ数）が大きくなり、流れを**図1-2**から**図1-3**のように変えることができる。要するに表面を凸凹にしたほうが性能面ではるかに優れるケースがあるということです。この実験はレイノルズ数を確定できないという理由もあって、レイノルズ数によって流れがかなり違いそうだということを確認できた段階で終え、次に移りました。

円柱実験で水槽の使い勝手もわかってきたので、翼周りの流れの可視化に挑みました。実は、この小型水槽は先ほど述べた工夫を利用することで、流れのフロントラインを作ることもできます。一様流の表面に流れの上に幾つかの目印を置けば、それが翼に近づき、通過するときに場所によって流れがどのように加減速されるかを目で見ることができます。この流れが翼にかかる前に作った目印をつないだ流れに直角な線をフロントラインと言います。薄板を曲げただけの曲板翼の上下で流れがどうなるかが、フロントラインがどう変化するかでわかります。時間の経過を括弧数字で表したものを**図1-4**に示します。

この写真は流体力学に関心のある方には興味深いものと思います。多くの教科書で、翼の上面で流れは大きく加速され、あまり加速されない下面に比べて相対的に静圧が下がるので揚力が出るとされています。また、その速度差は翼後縁まで維持されるので、翼前縁で別れた流れが後縁で会うことはないとされています[文献＊13]。写真中の(2)では確かに翼上面のほうが下面よりもフロントラインが前に出て速くなっていますが、(4)の流れが後縁に至るところでは下面の流れに追いついています。定説と異なる結果のようです。レイノルズ数の低い曲板翼だけに起きる現象という可能性もありますが、教科書をうのみにしないで自分で実験して確かめることの大切さを学びました。

次に、カルマン渦と並んで航空力学の世界では有名な出

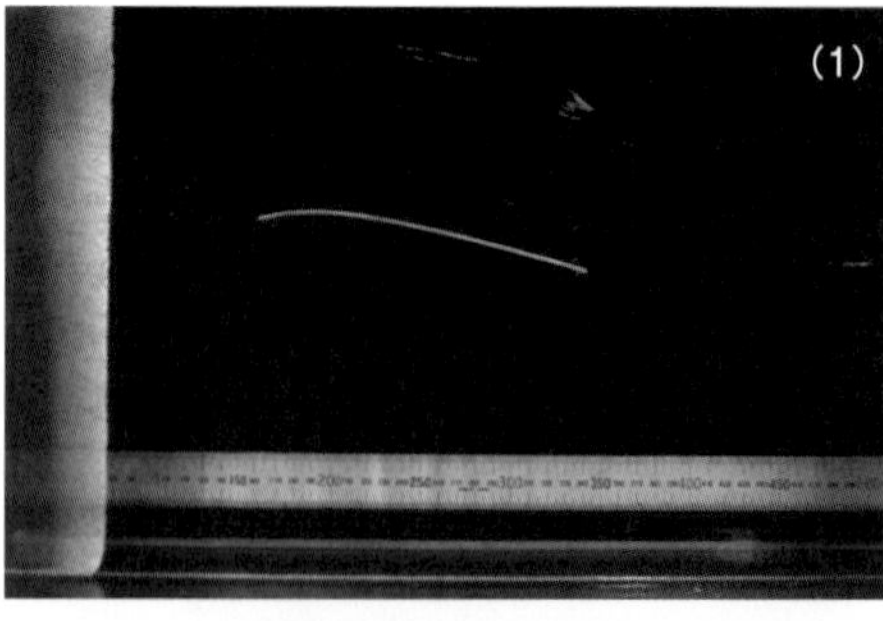

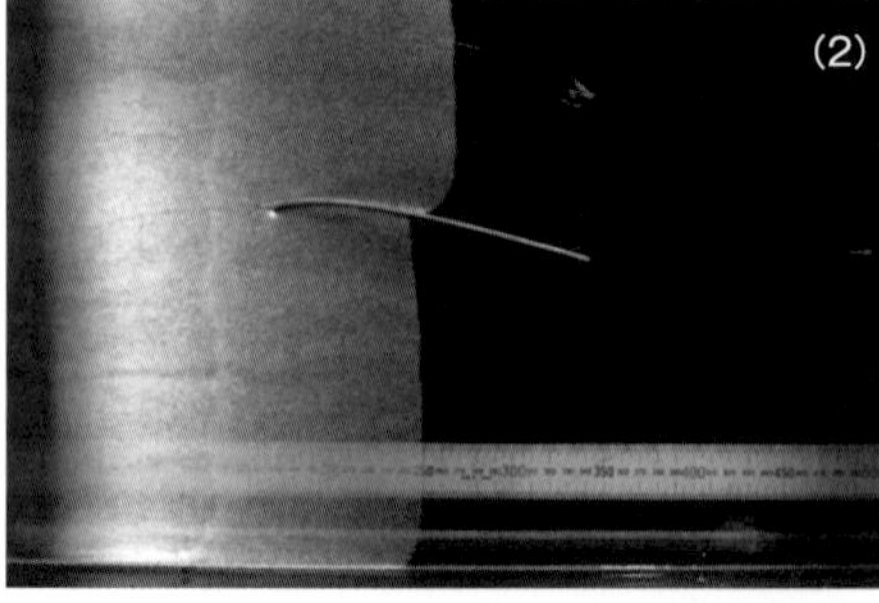

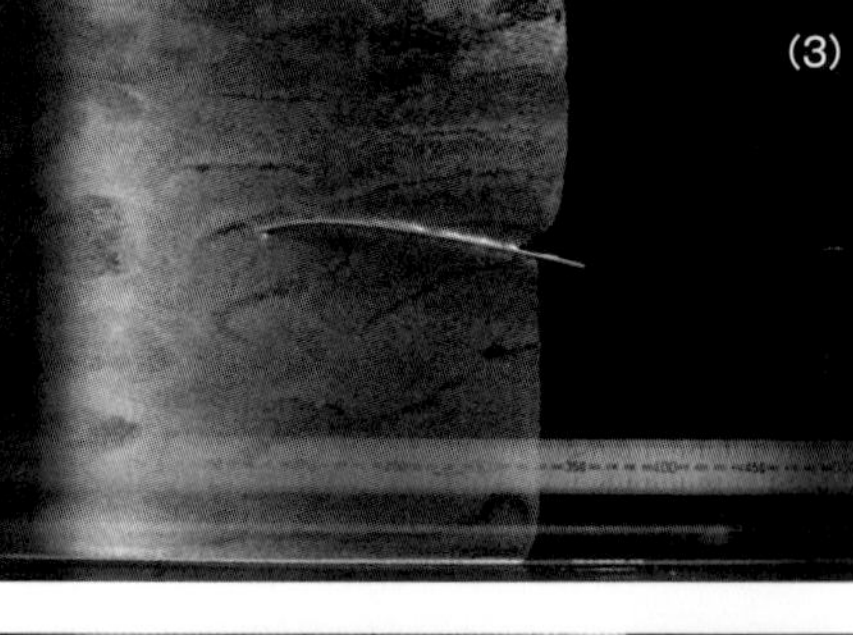

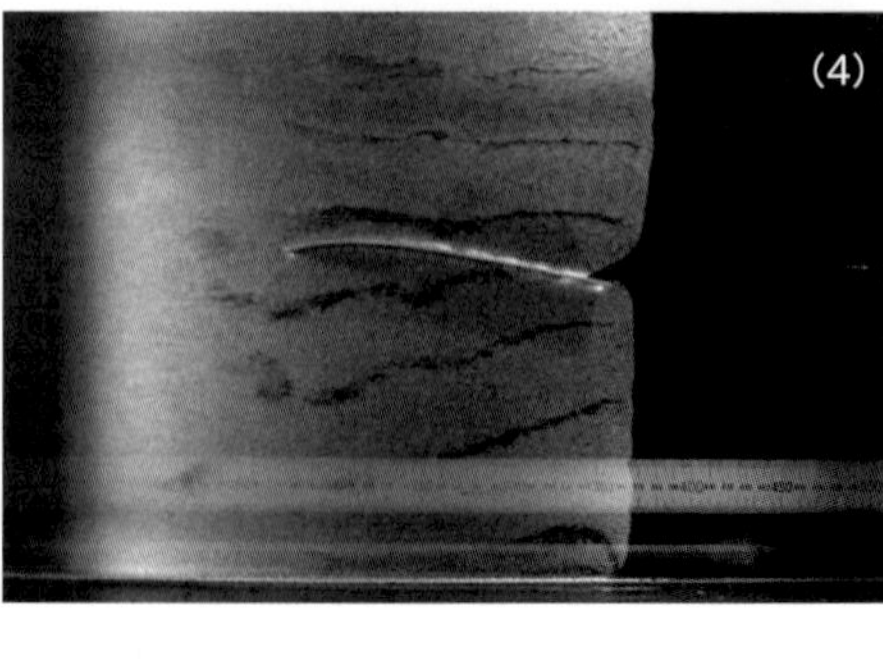

図 1-4　翼を通過する流れのフロントライン

発渦の写真を示します。「出発渦」とは、翼が動きはじめるときだけ翼の後縁から吐き出される渦のことです。航空系の学生で知らない人はいないと思われるくらい重要な渦ですが、実際に見た人は少ないでしょう（付録Aに揚力との関係を説明してあります）。これも表層流れと下の水流とを別途コントロールすることで可能になりました。**図1-5**をごらん下さい。

翼を急に加速したときに、確かに翼後縁に出発渦ができています。翼弦長は十五センチメートル、流速は毎秒〇・三五メートルでした。迎え角をとった翼が静止状態から加速されると、流れが翼の後縁を曲がりきれずに渦を作ります。これが出発渦ですが、実はそのとき、渦の反動で翼周りに渦と反対方向に回る流れ場ができます（自然は非対称を好まない?）。この渦の反動でできた翼周りのゆったりとした回転流れを「循環」と言います。

一方で、渦が吐き出された後は、流れは翼後縁を回り込

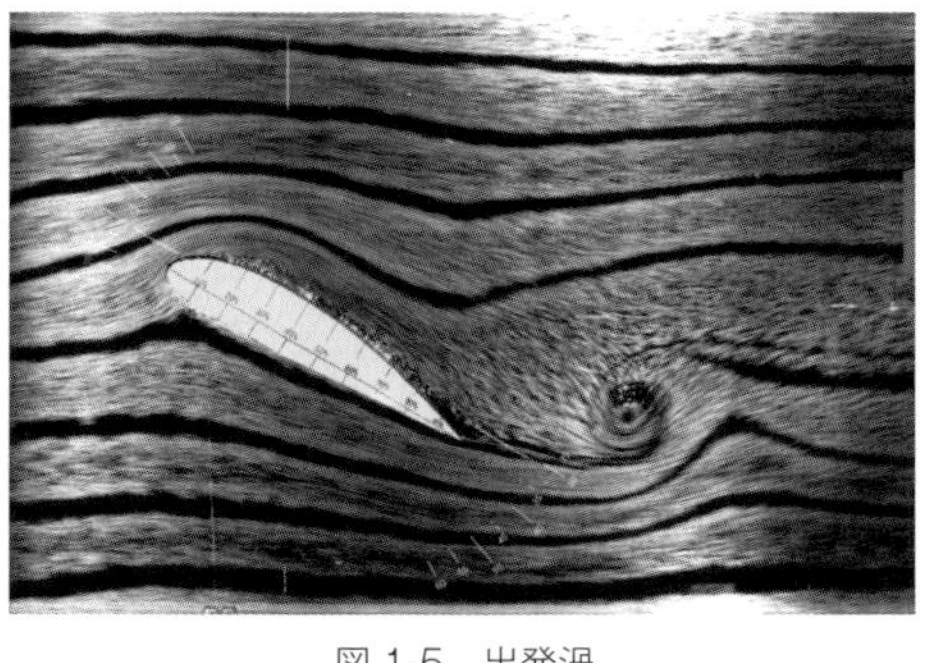

図 1-5　出発渦

むことはなくなります。翼が定常速度になるころには渦は後方に置き去りにされて、循環だけ翼周りに残ります。一様な流れに翼周りにできた循環が重なると、翼上下面の流速の差となって現れます。この流速の差で翼に揚力が生まれます。写真でのアルミ粉の動きをよく見ると、翼の上のほうが下より速いことがわかりますから、翼周りに循環ができていることは確かです。興味深いのは、翼の上面で前縁から三十％ぐらいのところに、泡のようなものが見える

ことです。これをショートバブルと言いますが、その上部にかなり強そうな平たく見える渦があります。これらは粘性流体における翼の加速による現象としてみることもできます。

ところで、この水槽を使うと「カルマン渦」も簡単に見ることができます。鉛筆を立てて持ったまま腕を伸ばして、左右にできるだけ揺らさずに毎秒〇・三メートルぐらいの速度で動かして見てください。空気は見えませんから鉛筆の動きしか我々にはわかりませんが、実は鉛筆の後ろに交互に並んだ美しい二つの渦の列ができています。この渦列はカルマン渦と呼ばれ、我々の生活にも大きな影響を与えることがあります。機械・流体系の技術者ならばカルマン渦を知らない人はいないのですが、コンピューターのシミュレーションは別として実際に見たことのある人はほとんどいません。出発渦同様、きれいなカルマン渦を目に見えるように作るのは意外に難しいからです。小型の可視化水槽で、アルミ粉の代わりに、より細かいチョークの粉を撒いて流れを見やすくした例を**図1-6**に示します。

レイノルズ数は一〇〇から二〇〇の間でした。流線法で

は渦の形をとらえることは難しいのですが、条件が合えばこのように渦の形とパターンまで見ることができます。円柱の両側から交互に反対回りの渦が出ている様子がわかるでしょうか。動画で見ると、なるほど、レイノルズ数が小さいと流れがねっとりしてくるな、と感じます。カルマン渦の応用を考えているうち、逆カルマン渦を作ることもできました。流れの中においた魚のフィンを正弦波状に動かすとき後流にできる、カルマン渦と同じパターンを持つ、

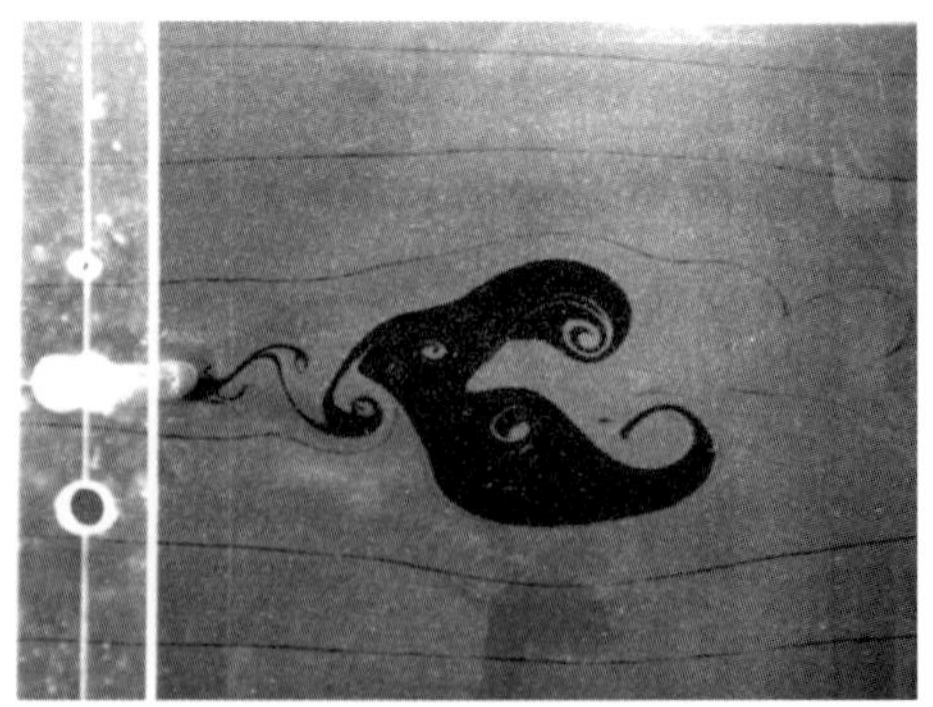

図 1-6　カルマン渦

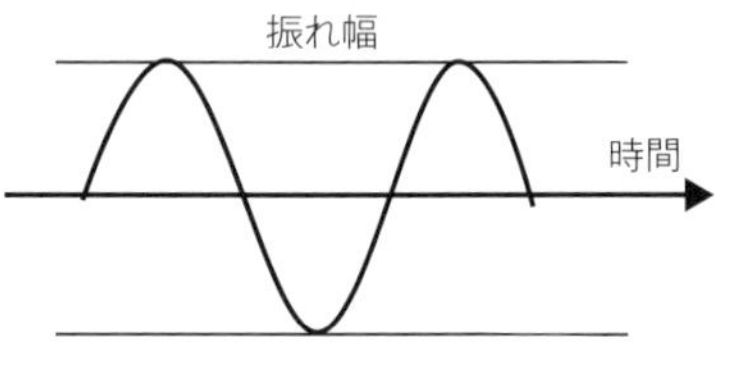

流線が絞られていることから，通常のカルマン渦とは異なる（逆回転）ことがわかる。

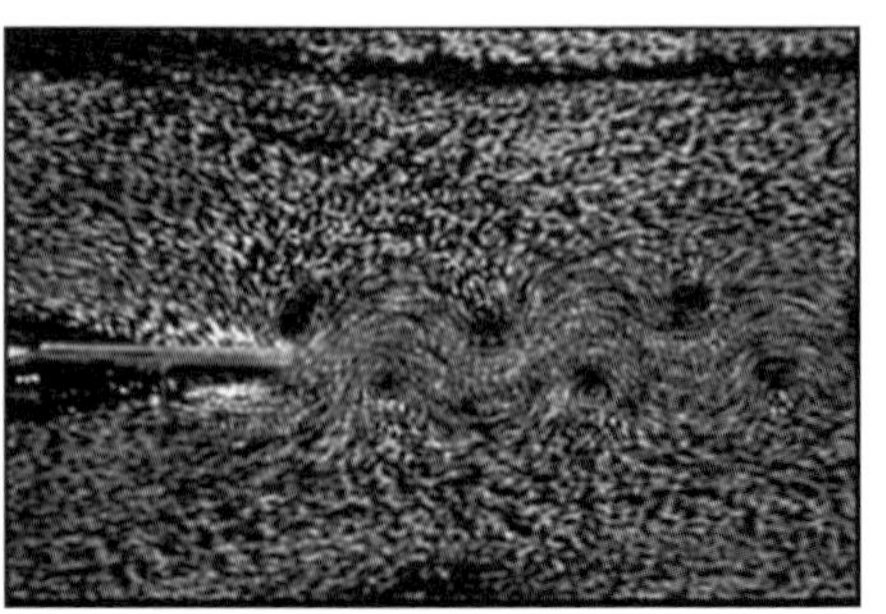

フィン近くの流れを拡大したもの

図 1-7　逆カルマン渦（正弦波状のフィンの動き）

回転方向が逆の渦列のことです。動画から切り取った静止画を**図1-7**に示します。

小型水槽で実験をしているうちに偶然見つけたのですが、当時すでに知られていて研究されていた方も多いようです［＊14］。通常のカルマン渦はお互いの渦を物体方向に戻す力を与えますから渦の速度は遅くなり、物体が渦を引きずるようになって抵抗となります。しかし、逆カルマン渦は、配列こそカルマン渦と同じですが渦の回転は逆になりますから、周囲の流れが速くなり、流線が物体後流で絞られるようになります。流れが絞られるということはそこの流れが速くなることを意味しますから、その程度によっては反作用による推進力を生み出します。魚がゆっくり泳いでいるときは、逆カルマン渦で前に進んでいるのではないかと言われています。

ところで、このフィンの動きをスナッピーに、すなわち正弦波状の滑らかな往復運動をするのでなく、台形状に鋭角的な切り返しをするとどうなるでしょうか？　この場合には、カルマン渦とは全く異なる双子渦を交流に吐き出して、後流を強く加速します（**図1-8**）。

アルミ粉で見た双子渦

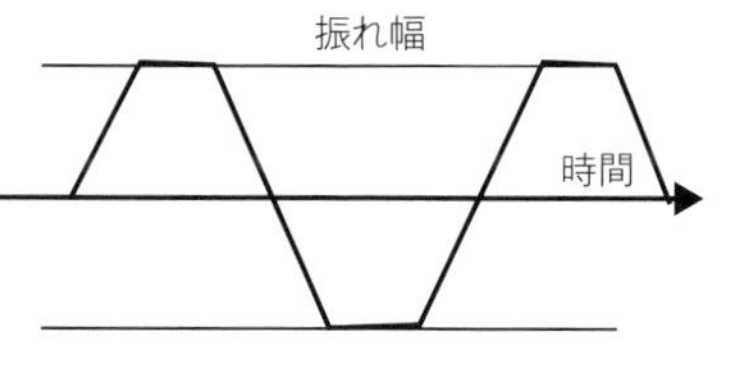

墨を用いた可視化実験

図 1-8　双子渦（台形波状のスナッピーなフィンの動き）

逆カルマン渦より強い推進力を出していることが魚模型外側の流線の絞られ方からわかります。ことによると、魚のフィンの動きや昆虫や鳥の羽ばたきでこのスナッピーな動きが緊急時に採用されている可能性があります。例えば、脅威を感じたトビウオが離水寸前にする尾の振り方はこうであるべきではないでしょうか。この推定を概ね肯定すると思われる見事な写真を見つけました。ネット［＊15］または本［＊16］で是非、見事な鋸歯型をなしている尾のビーティング航跡をごらんになってください。

ところで、流線からは翼の揚力の発生程度がわかり、翼面付近で流れが止まっている領域の大きさからは翼の抵抗の大小がわかります。このように、流線と流れの停滞域が見えることは翼の空力特性を知るうえですごく有益です。

さて、水槽表面にアルミ粉を浮かせて回流させるだけで成立する可視化実験は、流れが遅い故に模型を水中に置くだけで遂行できます。したがって、さまざまな実験を短時間で行うことが可能です。また、大型水槽ならば低速風洞に比べて四〜五倍の模型が使えるので、大きくなった分、実際の流れをルーペで見るように細かく観察することもできます。さらに、水を使った可視化実験は、風洞実験では困難なことができるというメリットを持ちます。同じ流れを二つのパターンで見ることができるのです。模型に粘度を高めたミルクを塗って、流れにミルクが溶け出す様子を見ると、流線とは別の種類の流れのパターンを見ることができるのです。この流れのパターンを「流脈」と言います。この方法では物体周りの流れの全容を知ることはできませんが、流れの中を動く渦の形を静止画像として明確にとらえることができます。流線法では渦と流れが一緒に見えますが、流脈法では流れに乗っている渦だけを見ることができるのです。先のカルマン渦を流脈法で可視化した例を**図1-9**に紹介します。

美しさを強調するためあえて二例を示しました。これらは後に述べる大型可視化水槽で撮ったものです。レイノルズ数は一五〇という小さな値です（このくらいのレイノルズ数が最も美しい渦列を作ります）。カルマン渦は真に幻想的で美しいものですが、「美しいものには棘がある」の典型と言えなくもありません。

工学的には、渦による振動が橋を落としたり、原子炉の

渦中心からの流れはコアを示している

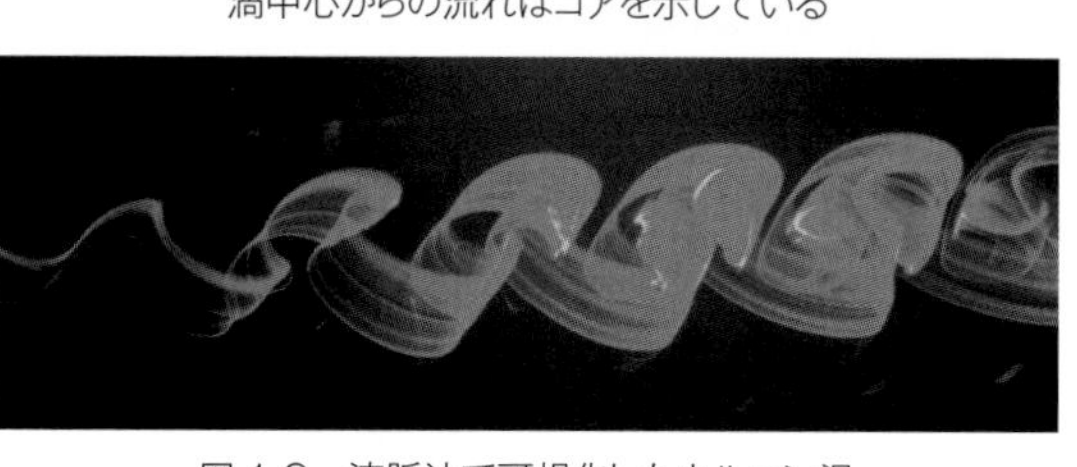

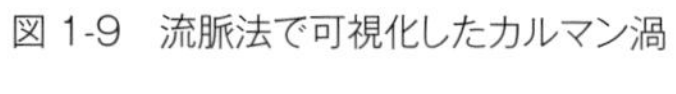

図 1-9　流脈法で可視化したカルマン渦

冷却塔や配管を壊したりで、これまで流速計に使える以外に良い話は聞いたことがありません。もっとも、これほどまでに美しいなら何か役に立つ使い方があるに違いない、とカルマン渦による事故が話題になるたびに思ったものです。

いずれにせよ流脈法では、流れの中に渦が生成される経過のようなものを見ることができるので、低レイノルズ数における粘性と渦の関係を学ぶことができました。以下に、これらの実験から学んだ、低レイノルズ数の世界で飛ぶときの流れの特徴を整理してみたいと思います。飛ぶためには翼が必要なので、以降、流れとは翼周りの流れを意味することにします。

レイノルズ数が小さくなると、相対的に粘性力が強まり、流れは翼の壁に引きずられて減速されやすくなるということは明らかなのですが、ことは減速だけでは収まりません。場合によっては翼近くの流れが全部止まってしまうことがあることは、**図0 - 5**で示したとおりです。

我々の周囲に存在する流れのレイノルズ数は飛行に関わるものだけでも一〇〇から一億のオーダーまで変わります。この中で流れはあるレイノルズ数（幅を持ちますが）を境に大きく様子を変えます。これは流体の持つ粘性の影響によるもので、一〇〇万以上では航空機の世界と言ってよいでしょうし、十万以下は鳥や昆虫の世界になります。トンボがゆっくり滑空するときで二〇〇〇ぐらいでしょうか。翼周りの流れのレイノルズ数を極端に小さいところから大きいところまで変化させていくと、おおむね次のように流れが変わっていきます。

物体周りに沿った極めて遅い、整った流れからはじまり、物体周りで流れが止まりやすく渦ができやすい状態を経て、再び速いけれども流れが整った状態に変化すると言ってよいでしょう。このときのレイノルズ数はそれぞれ一ぐらい、一〇〇から数万ぐらい、一〇〇万以上となります。レイノルズ数ではわかりにくいので、生物でそれぞれを表すと次のようになります。

空気中において流れが止まりやすくて渦ができやすいところは、大きな鳥がゆっくり飛ぶ世界から、昆虫の飛ぶ世界ぐらいまでと考えられています。ねっとりした局部流れ

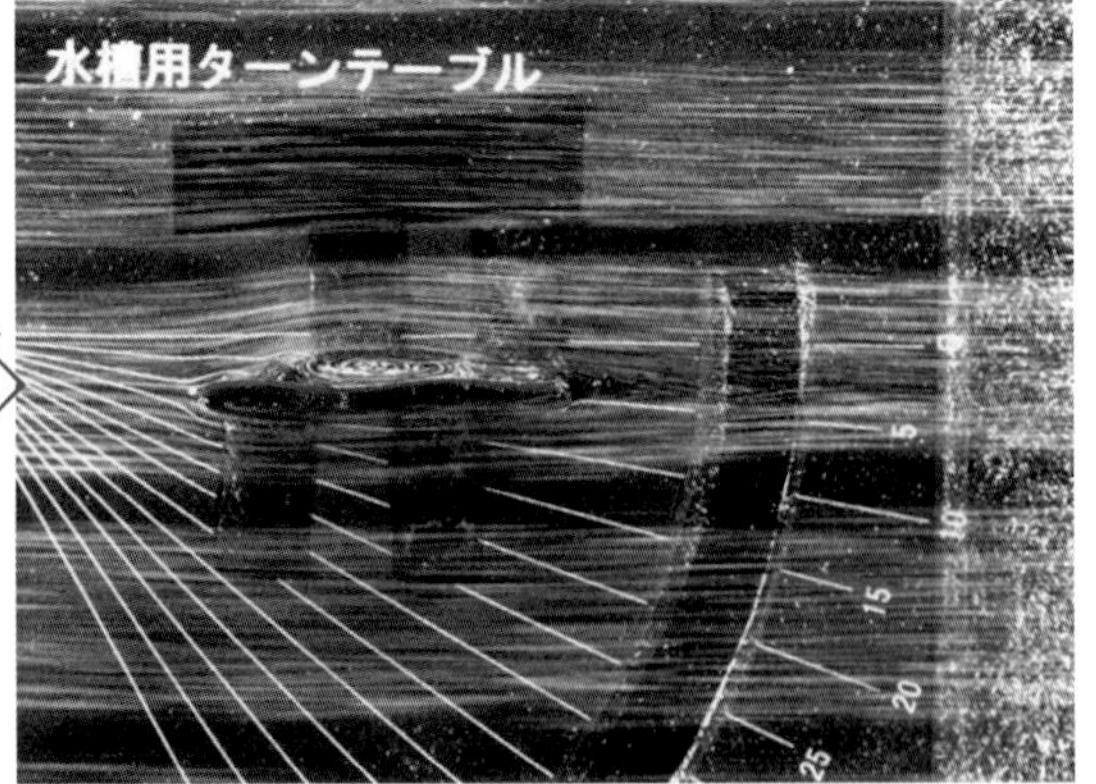

図 1-10　翼の上に 2 枚の板を立てたときの流れ

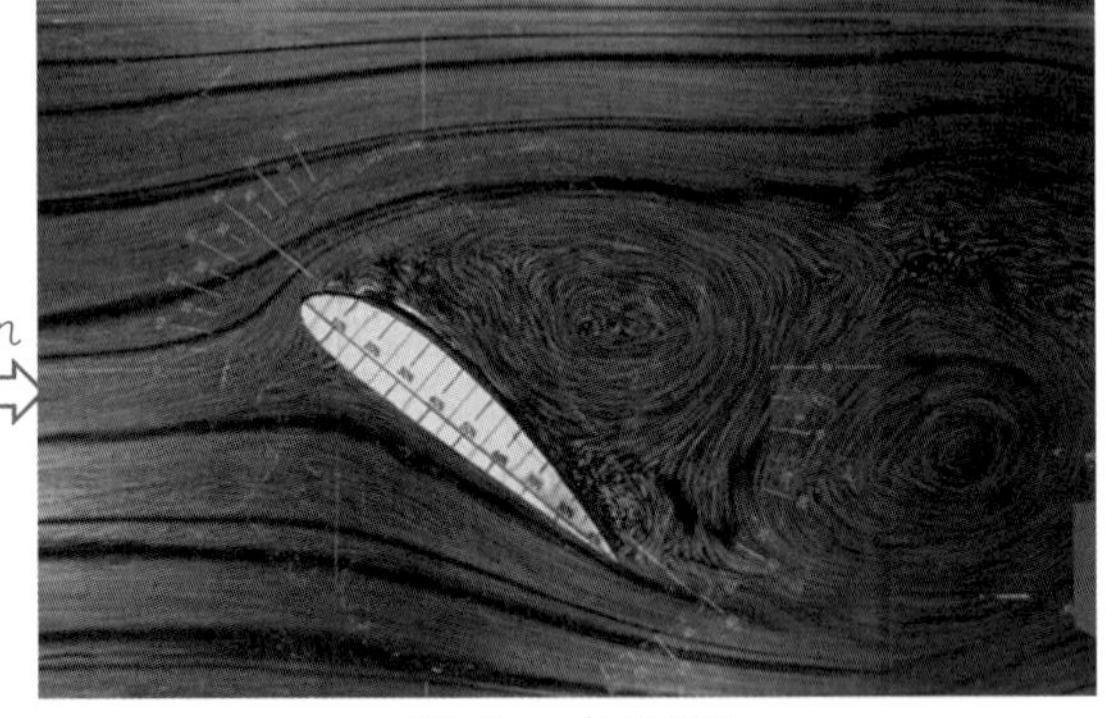

バタフラップ不作動時

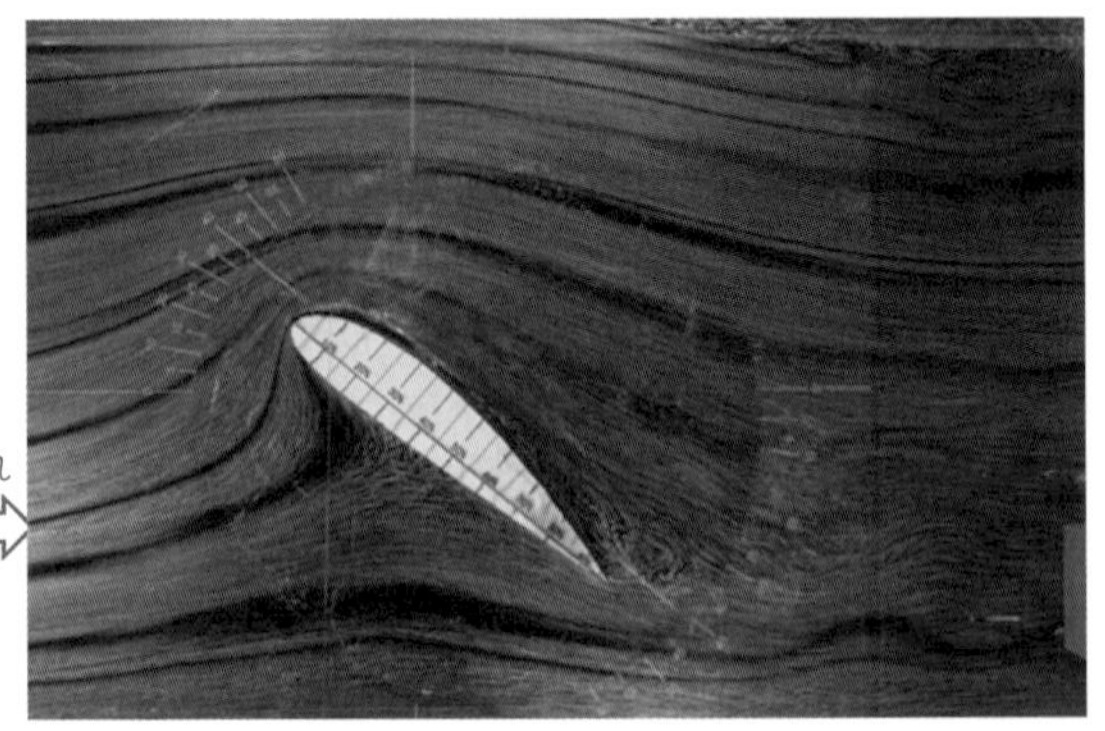

バタフラップ作動時

迎え角 40° の NACA4418 翼　Re 数 約 2 000

図 1-11　バタフラップ

と渦が、全体の流れを支配する世界と言ってもよいでしょう。流れが止まりやすい現象の克服が難しかったことは、次章最初のマイクロエアビークル計画の停滞のところで説明するとおりです。

　小型可視化水槽で実験を重ねているうちに、上に述べた超低速流れの特徴らしきものが何となく体感できるようになってきました。粘性によってできる渦が流れを整える条件が何となくわかってきたのです。この水槽でレイノルズ数二〇〇〇ぐらいの実験を重ねているうちに、興味あることがわかりました。普通なら流れが乱れてしまうような、翼上面の二か所に背の低い板を立てた形の翼でも、翼周りの流れが全面的に破壊されてしまうわけではないことがわかったのです（**図1-10**）。

　板の間に平たい渦が納まる形で板の間の空間に蓋をしてしまってスムースな流れを実現したのでした。こんな翼型が通用するとしたら、従来の航空機用の翼型とは全く異なる超低速流向きの翼型が成立するかもしれません。勤務する大学の先輩筋にあたる空力の専門家にこの話をしたら、素人が空気力学に口を出すのはせんえつでは？　と言われました。専門家の矜持に疑問を抱きつつ、小型水槽は論文を書いたり翼型開発を目指したりするにはあまりにも小さすぎたので、研究をするというよりも、実験を楽しむことにしました。この装置を使って学生と実験を楽しんでいるうちに、自信を与えてくれる発見がありました。**図1-11**をごらんください。

「バタフラップ」と名づけたものです。普通の翼型の先端上側に翼に沿う薄板を、前端をヒンジとして動かせるように取り付け、この薄板を振動させると、迎え角四十度まで失速しません。装置の簡単さを考えると異常とも言える高性能です。失速しない限り、揚力は迎え角に比例して大きくなっていくことがわかっています。翼に沿わせた短く薄い板を翼前縁につけて、前端を支点にただバタバタさせるだけという簡単な仕掛けが、超強力な高揚力装置になったのです。超低速の世界なら、高速流での常識を覆したりすることが自分でもできるかもしれない、という自信のようなものが少し芽生えてきました。

低速流における新発見

低速流は今まで学んできた流れとは違いました。

ここで自分にも何かできるかもしれないという自信を与えてくれた実験を紹介したいと思います。それは、小型可視化水槽の流れの中に表面の滑らかな回転する細い丸棒を置いたときのことでした。流れの中に回転する円柱を置くと流れに直角方向に揚力を出すことは、マグナス効果といわれ一五〇年以上も前から知られています。小型水槽の可視化能力を確認したいという気持ちが強いものですから、これも実験してみました。

レイノルズ数の低い世界では、流れの様子から、どうも回転円柱はその周速が一様流速の三倍以上になると、揚力を発生するだけではなさそうだということに気づきました。流れを乱さない流速計で学生に円柱の後流速度を計ってもらい、一様流速と比べてみました。流速は周期的に大きく変動しますが、流速計の示す平均速度は大きくて、推力を出している可能性がありました。

文献を調べてみると、流れ方向の流速成分だけを計測した実験があることがわかりました［＊17］。確かに推力を発生するのですが、それは周期的であって、抵抗になる時間も加えて平均するとほとんど抵抗がゼロになると記されていました。抵抗ゼロは素晴らしいことですが、実用を考えると周期的であることは問題です。どうせなら定常的に推力を出せる状態を作りたいものです。それには、なぜ推力が出る瞬間があるのかがわからなくてはなりません。流れを観測し続けた結果、次のようなことが考えられました。流れのない場で円柱を回転させるときの様子を示した**図1-12**をごらんください。

上の図は円柱を回転させただけの模式図です。円柱に引きずられてできる渦のような循環流れが円柱の周りにできるだけです。下の図は、円柱の下に板を添わせたときの流れの様子です。回転円柱の下に板を添えると、循環流れは板にブロックされ後方に流れざるを得ません。円柱の最下点近くの圧力が板によるせき止め効果で上がり、流れが止まりやすくなったところに遠心力が利いて、円柱に沿った流れが後方に放出されるようになるものと考えられます。

実際、蛍光灯ぐらいの太さの回転円柱で空気中の実験をす

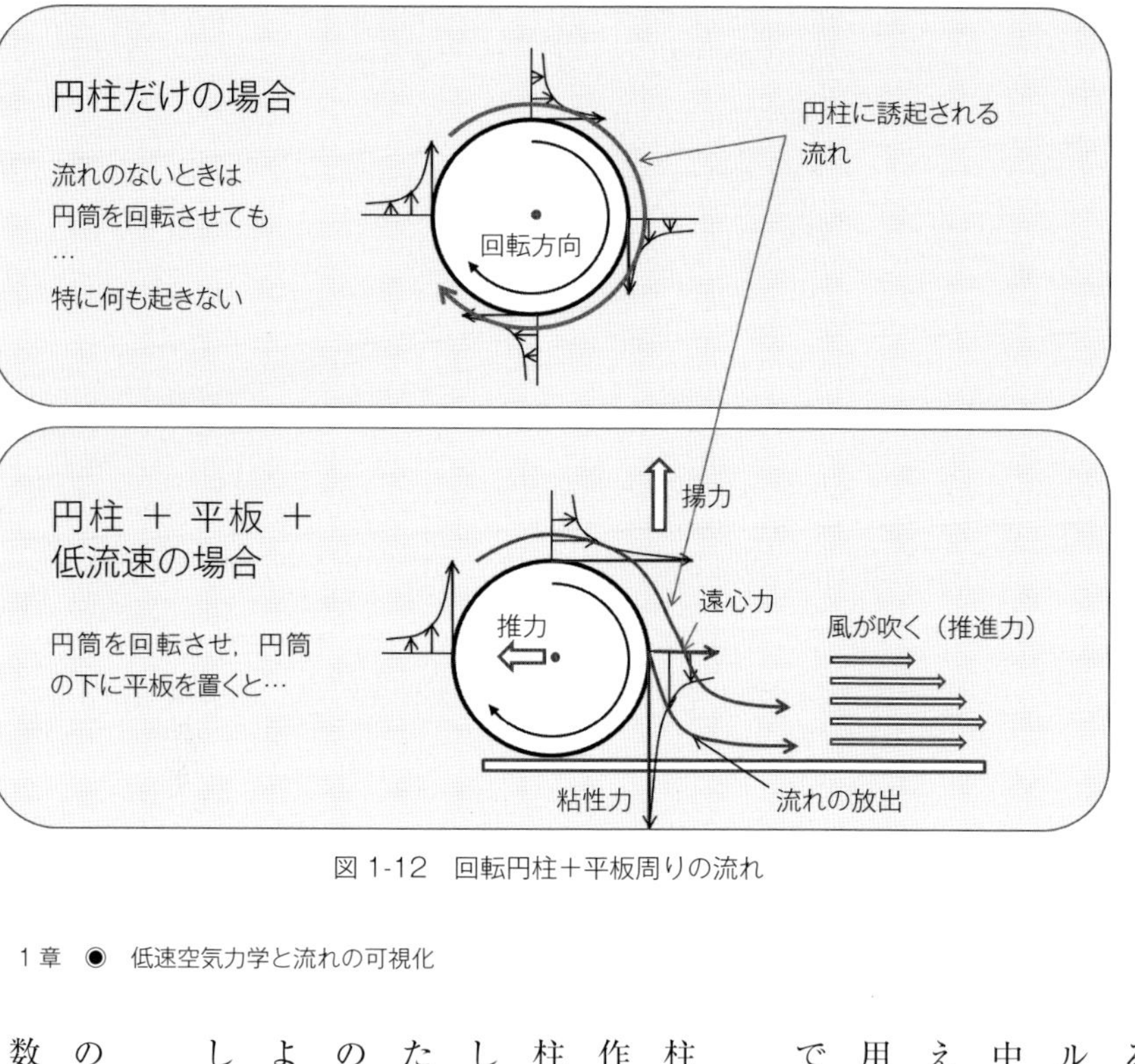

図 1-12　回転円柱＋平板周りの流れ

ると、静止しているときでも板に沿って毎秒〇・五メートルぐらいの風を起こすことができます。もちろん、流れの中に置けば高揚力を発生する装置として機能するように考えられます。手に負えないと考えていた流体の粘性が、利用法によっては役に立つ可能性があることを体感した瞬間でした。

もっとも、この小型水槽では精度に限界があり、回転円柱の可能性を見いだしたのが精一杯でした。しかし、後に作ることになった大型の可視化水槽によって、この回転円柱と板と組み合わせると、大迎え角で安定した揚力を出し、しかも抵抗の少ない翼を作れるという発見につながりました。板を回転円柱近くに添えるだけで、周期的な高速流れの放出がなくなり定常的な下流側への流れの放出ができるようになったのです。その作動原理推定図を**図1-13**に示します。

大型水槽を使った実験結果を紹介します。**図1-14**の上の写真は平板を迎え角三十度で流れに置いた、レイノルズ数七〇〇〇のときの流れを示しますが、当然激しく失速しています。

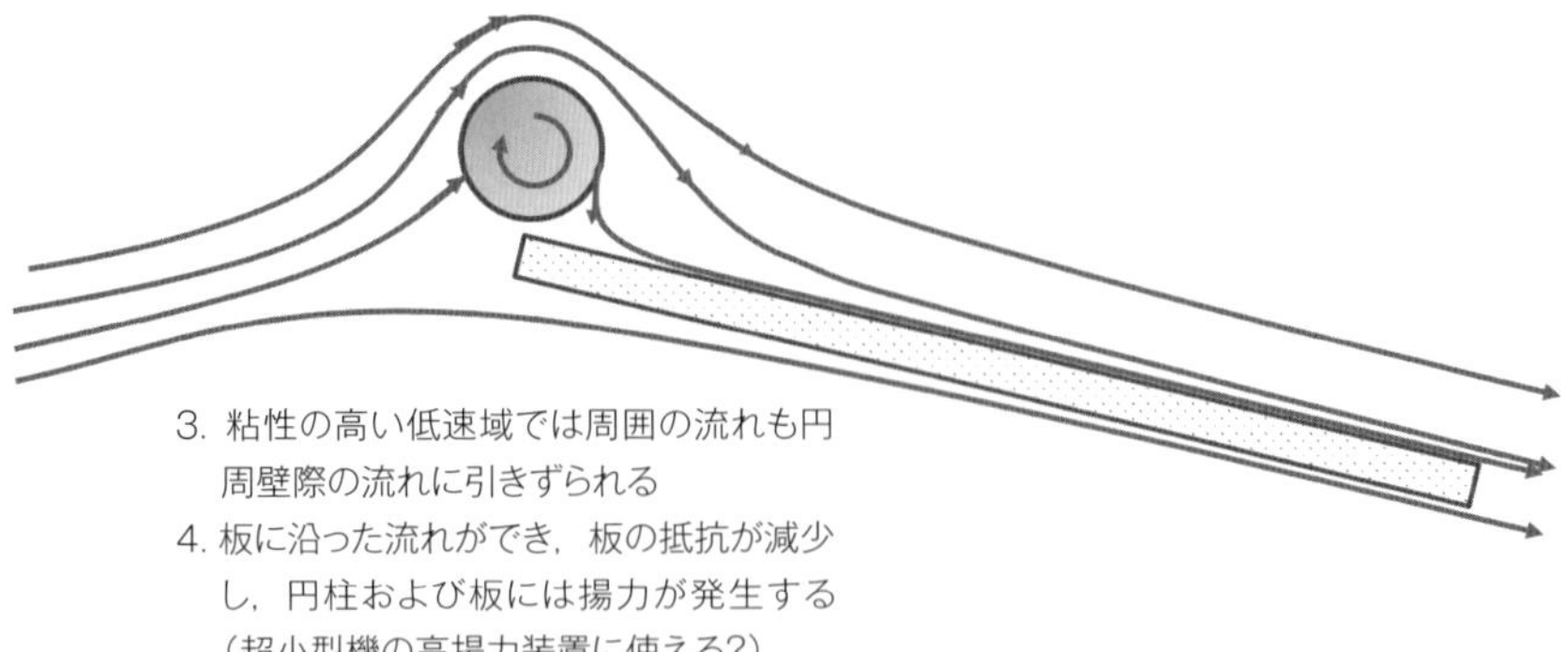

図 1-13　回転円柱板推定作動原理（円周速度は流速より大，表面は平滑）

下の写真が、平板の先端近くに円柱を添えて高速で回転させ、周速を流速の五倍にしたときの流れを示したものです。回転円柱を添えるだけで、失速状態から高揚力を発生する状態に変化していきます。これには、流れが平板を通り過ぎる時間しか要しません。平板と回転円柱を組み合わせた翼を作ると、大迎え角でも失速せず、しかも抵抗の少ないものができそうです。低速流れに関わる新しい発見だ

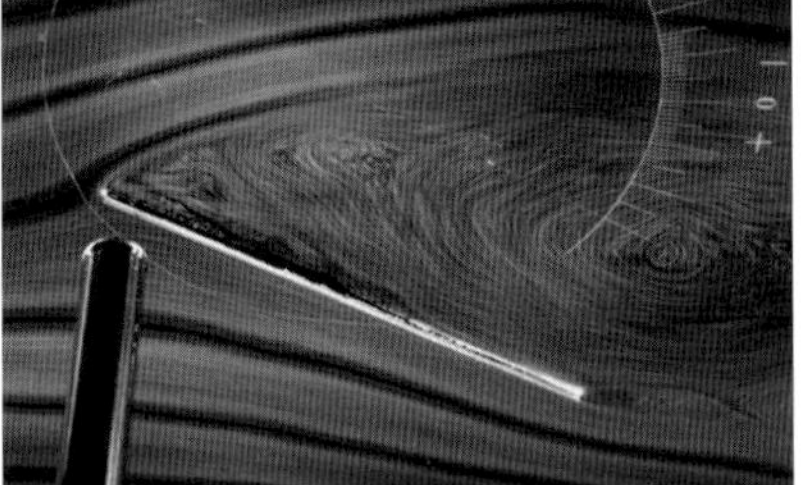

平板のみ

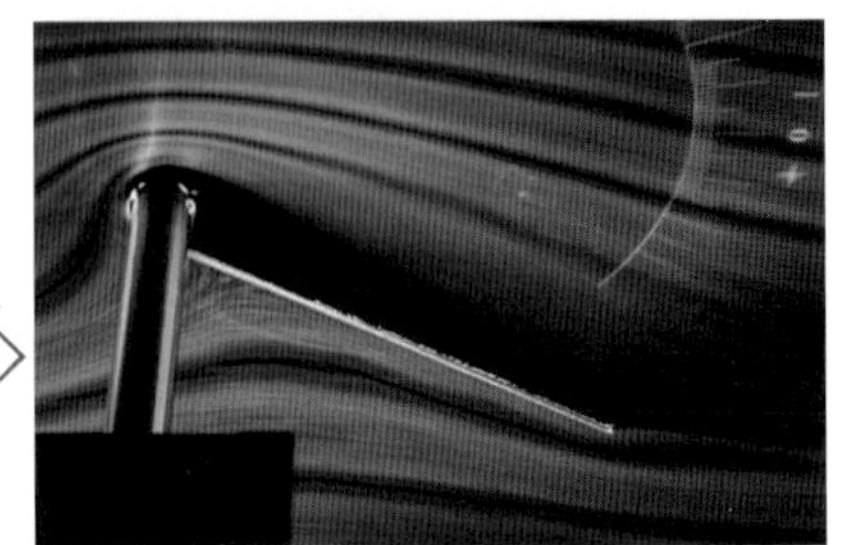

回転円柱を平板の前縁に沿わせたとき（周速は流速の 5 倍）

図 1-14　低流速での回転円柱板周りの流れ

と思われますが、後に述べるトンボ技術の応用研究と関連機器の開発に追われていたので研究論文にはできませんでした。これが初公開ということになります。

現実にこのような飛行補助装置ができると、大迎え角でも失速せず大きな揚力を発生し、しかも抵抗の極めて少ない翼になりそうです。円柱を回転させるだけですから、先ほど紹介したバタフラップよりはるかに簡単そうです。応用の可能性を考えただけでも胸躍ります。これがわかったのは大型可視化水槽ができてからの話なのですが、小型水槽が回転円柱周りの流れの面白さを教えてくれました。こんな具合に超低速流れを簡単に見ることのできる装置で毎日のように渦に関わる流れや装置を作っては楽しんでいたのですが、二〇〇五年にある転機が訪れました。それがトンボとの出会いです。次章以降にそれらの詳しい経緯を述べたいと思います。

トンボ翼の可能性

二〇〇五年に、勤務していた日本文理大学（NBU）がトンボの飛行研究を行うために研究所を作ることになりました。研究所には「マイクロ流体技術研究所（MFRL）」という名がつけられました。低速流の研究やトンボ型飛行ロボットの開発が大きな目標だったので、開発経験のある私にとっても興味あるテーマでした。

実は、一九九〇年ごろから、マイクロエアビークル（Micro Air Vehicle）（MAV）という、リモコン飛行機の小型化競争が米国の大学を中心に行われていました。しかし、鳥サイズのものを低速で飛ばそうとすると、飛行レイノルズ数が小さくなって、空気の粘性が翼周りの流れに悪さをすることがわかってきました。この問題の解決は難しかったようで、そのため二〇〇〇年代に入ると小型化競争は頭打ちになってしまいました。

代わって現れたのが、「超小型の鳥や昆虫の羽ばたきを参考にすれば小型化を図れるのではないか」という考え方です。世界中の飛行力学や流体力学の専門家が注目するようになりました。NBUでは昆虫の中で最もすごい飛行を見せるトンボに注目していました。当時、空気の粘性を考慮に入れた羽ばたき計算の先覚者とも言える教授がおられたのです。当然、NBUではかなり正確にトンボの羽ばたきのシミュレーション計算ができるようになっていました［文献＊18］。NBUでの研究の主体は、羽ばたきによる飛行ロボットの実現という方向にあったわけです。

ところで、羽ばたきの計算ができるなら滑空の計算など簡単だと考えるのが普通ですが、実はそうではありません。粘性の影響が強くなるゆっくりとした飛行ほど計算が難しく、コンピューター技術の進んだ今でもトンボの翅のような断面が凸凹している翼周りの流れは簡単には計算できません。滑空しているトンボの翅周りの流れは、誰も詳しくわからなかったのです。低速流れを可視化できる装置を使って、滑空しているトンボの翅の周りの流れを調べることができれば、それだけで研究価値があることになります。幸い、研究予算で本格的な実験に耐える大きな可視化水槽を作ることができました。このような背景のもと、私はこの水槽を使って、トンボの滑空体としての性能を独自に調べる仕事に取りかかりました。

さて、プロローグでトンボの翅の断面の凸凹の程度を紹介しましたが、全体的な凸凹の様子を見てみましょう。トンボの翅はほぼ透明ですから、翅全体の凸凹の様子は把握しにくいものです。ウスバキトンボの翅を少し拡大して撮った**図2‐1**を見ていただきます。

翅は付け根のほうから先端と後縁に向かって、端にいくほど細くなる、折れ曲がった細い梯子のようなものが横に連なった構造を持っています。この梯子に相当するものを「翅脈」と言います。光って見えるのは、翅脈を覆うように張られた透明な薄い膜で、これが空気をとらえる役目を果たしています。トンボの翅は構造的にも興味深いのですが、ここでは流れに関わる形、すなわち翅の全体的な凸凹の程度に注目します。何となく凸凹しているようには見え

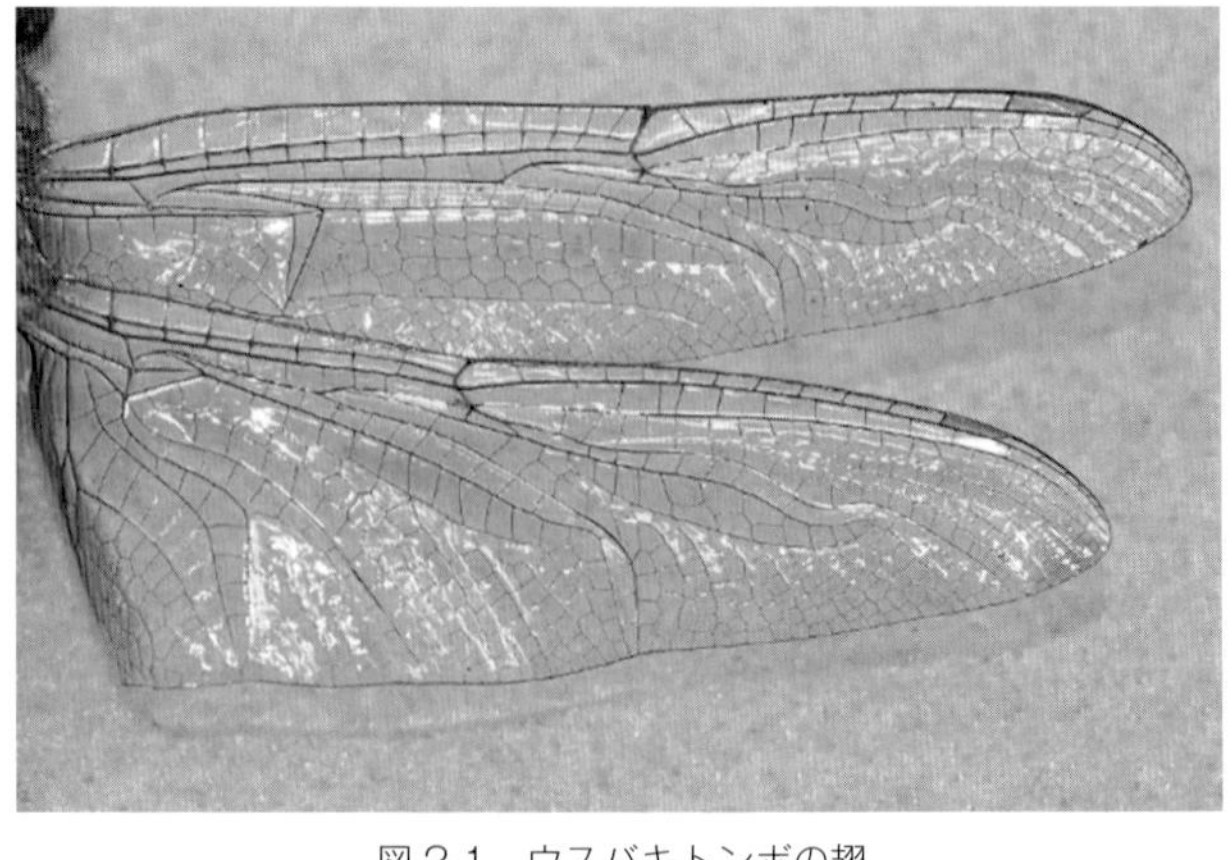

図2-1　ウスバキトンボの翅

ますが、この写真だけでは凸凹の程度がわかりません。学内協力者の一人が、最近、オニヤンマをレーザーでスキャンして、体の凸凹を精密に計測し、そのデータに基づいてアルミを切削して作った二倍の拡大模型を提供してくれました。それを**図2-2**に示します。

図2-2　オニヤンマの2倍模型（アルミ切削）

透明ではありませんから、トンボの翅の凸凹の全体像がつかめると思います。付根から先に行くほど凸凹の山谷が小さくなっていることは明らかです。その断面の凸凹の程度をシオカラトンボの例で示したのが、プロローグで紹介した**図0-3**です。院生に頼んで、断面に蛍光塗料を塗って撮ってもらったものです。これからも滑らかな曲線をベースとしてその上に凸凹が重なった形をしており、凸凹に関しては翅の端に行くほど小さくなっていることがわかります。これは死後変化を考慮していないものですから、翅の反りについては信用できませんが、凸凹の程度はそれほど変わっていないと考えられます。

トンボの翅がどのくらい凸凹しているかがある程度つかめました。かなり凸凹が大きいと言ってよいでしょう。調べてみると、このような凸凹翼周りの流れはあまりにも小さく、しかも計算が厄介なため、ほとんど論じられていないことがわかりました。詳しく知りたければ、拡大機能を持つ可視化水槽を使って自分なりに調べてみるほかありません。翼型の性質を知るためには、まずはある断面の二次元的な性質を把握する必要があります。調べるべきことは、

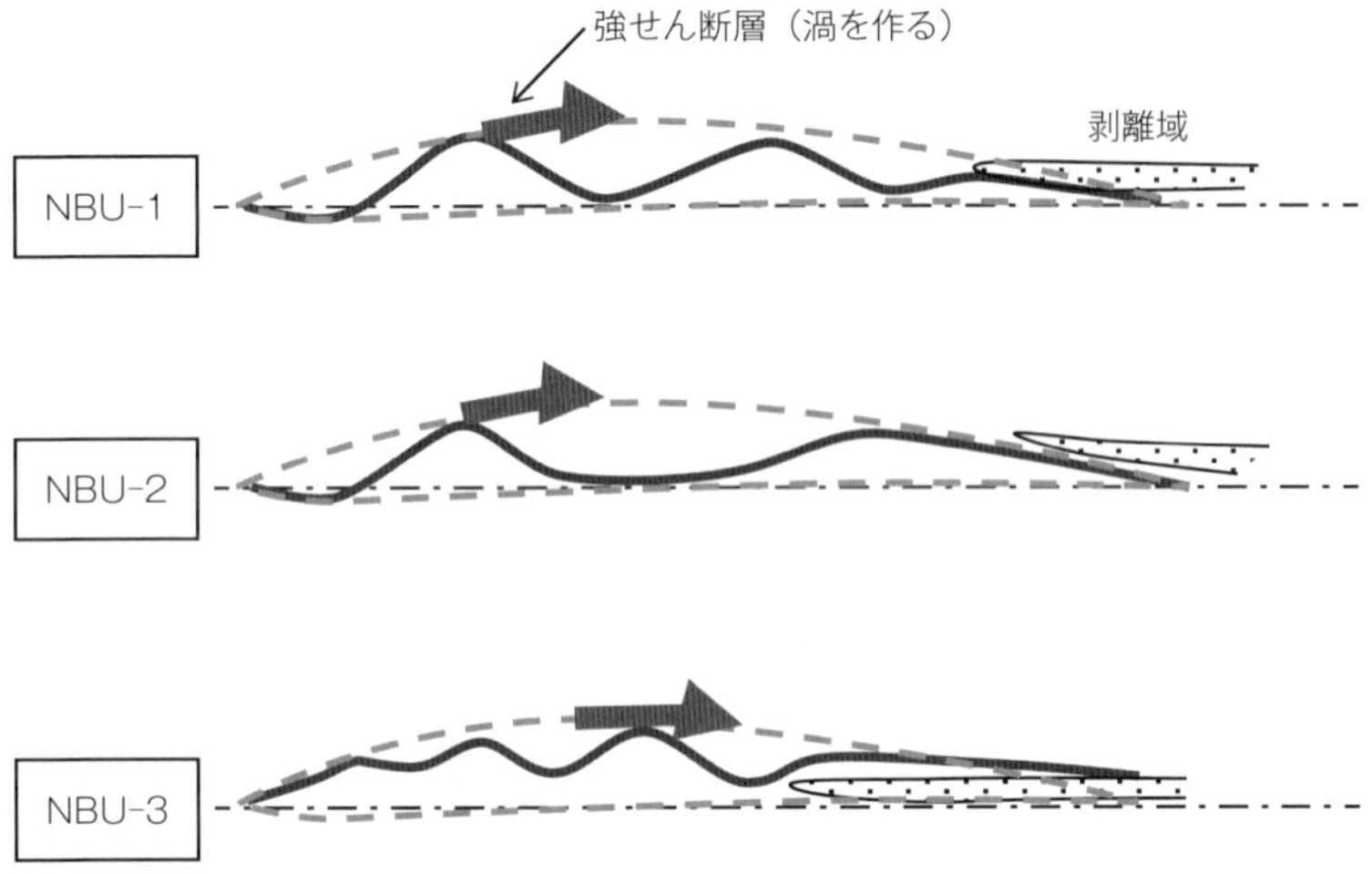

図 2-3　NBU 凸凹翼シリーズ

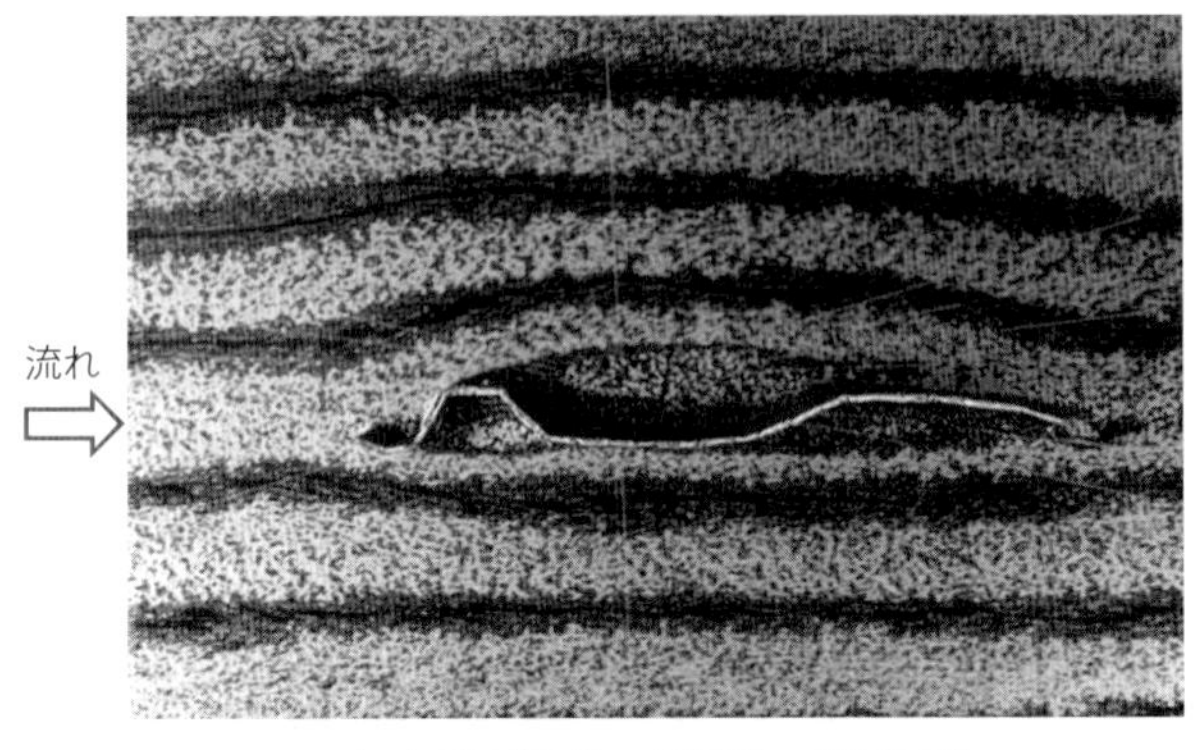

レイノルズ数 Re=5 000，迎え角 0°

レイノルズ数 Re=7 000，迎え角 5°

図 2-4　超低速での NBU-2 周りの流れ

これらの断面の凸凹は流れにどのような影響を与えているのか、そして超低速機の翼として有用ならどのような凸凹の形が最良なのか、等々となります。最初はトンボの翅から学ぶことがあるとは思いもしませんでした。こちらには可視化水槽もあるし、自分はエンジニアなのだからトンボよりも良い翼型が作れるだろうと、トンボを少し見下していたのです。その結果を先に紹介しましょう。

私がたどりついた、こんなものかなという翼型例を**図2-3**に示します。NBU-1〜3まで三種類あります。NBU-1は先々、マイクロ風車用に開発した翼型（**図4-11**）の原点になったものです。ここでは、最もシンプルな翼型NBU-2周りの流れの様子を**図2-4**に紹介します。

実際の流れを見てみると、前縁近くの山と後縁部の丘の間にある谷間にゆっくりとした渦ができて、突起にふたをするように流れをやり過ごしている様子がわかります。凸凹が相当ひどくとも、空気でできた翼型が凸凹を囲むようにして全体の流れがスムースになっています。1章で紹介した流線型のNACA4418よりも、凸凹した翼のほうが、外側の流れをスムースに曲げています。凸凹が簡単で作りやすいので紙飛行機でもある程度その効果がわかります。

この断面を使った紙飛行機は、凸凹の山が高くても低速では実によく飛びました。後に触れることになりますが、凸凹断面の翼を使った飛行体は優れた直進性を示します。この一番簡単な翼NBU-2は小さな紙飛行機向きです。私の自信作の一つです。ただし、前縁を上げて迎え角を大きくしたときの流れは、それほどよくありません。すぐに失速がはじまるのです。NBU-3は作るのがちょっと面倒ですが、全般的に良い流れを示した翼型です（**図2-5**上）。

これらは皆、断面が簡単に変えられる翼模型を元に、流れの様子を見ながら流れが良くなるまで波型の凸凹に修正を加えていって得られたものです。当時は翼に作用する流体力の計測準備ができていませんでした。超低速流向きの翼型研究を一応気が済むまでやってから、さて実際のトンボはどうかということで、実験を試みることにしました。アルミ板で可能な限り正確にトンボの翅の断面模型を作っ

レイノルズ数 Re=7 000，迎え角 5°

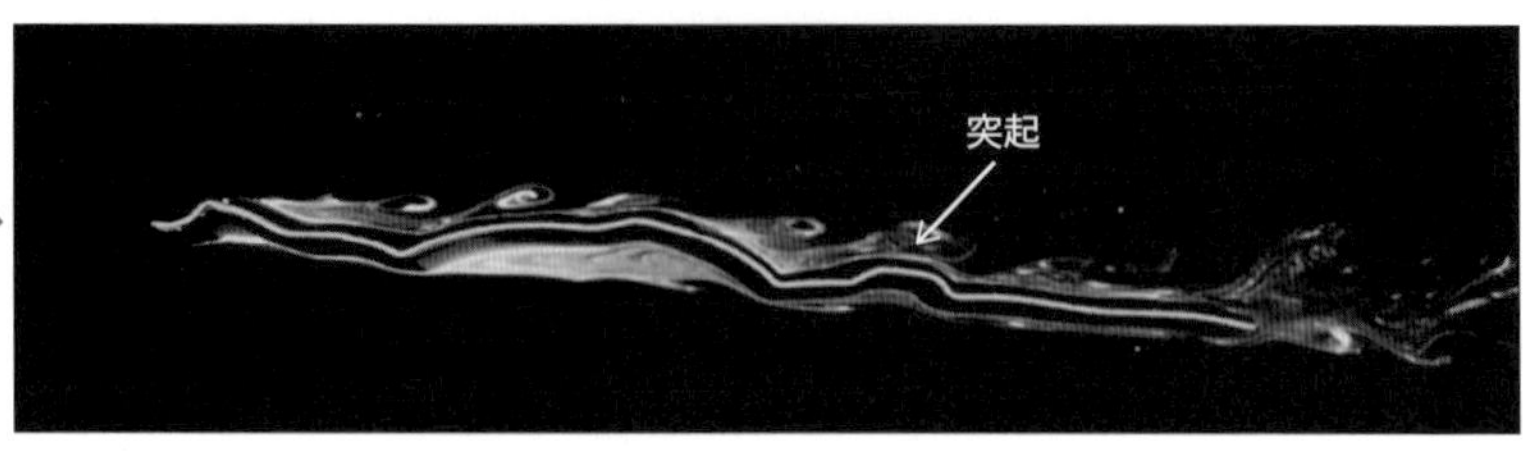

（参考）ギンヤンマ後翅 75% の後縁突起

図 2-5　超低速での NBU-3 周りの流れ（上）

て実験しようというわけです。

その前に気になることをクリアにしておかなければなりません。トンボの翅の根元のほうを薄く切って、台の上に載せれば顕微鏡で見ることができます。こうして観察すると、翅脈からところどころ刺のようなものが出ていることがわかります（**図 2 - 6**）[＊8]。この刺は流れに影響を与えるでしょうか？　考えた末、当面の実験では翅脈を含めて無視することにしました。

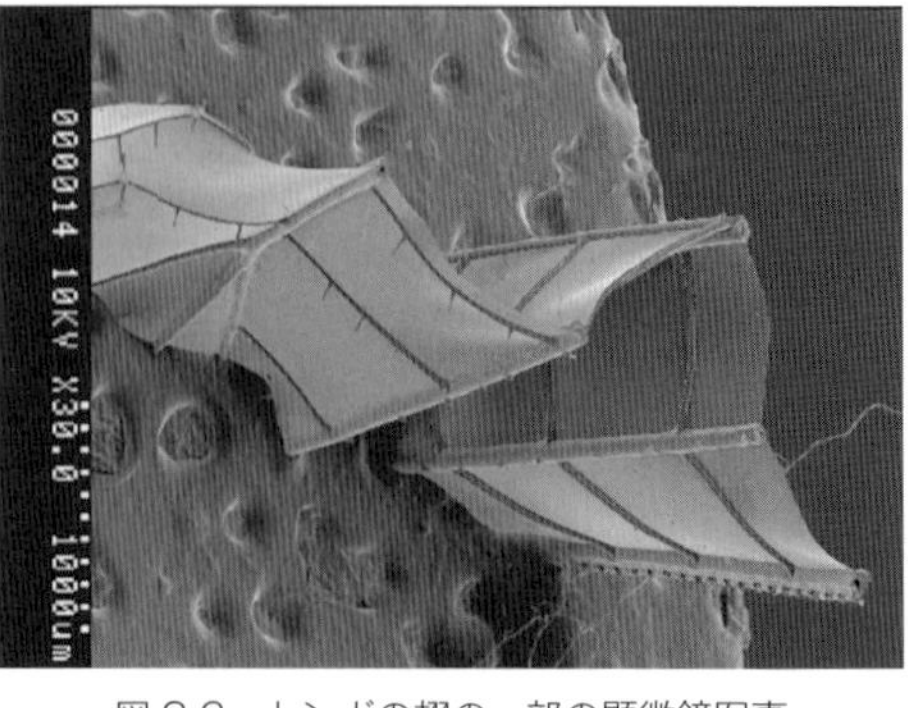

図 2-6　トンボの翅の一部の顕微鏡写真

先ほど採り上げたレイノルズ数を、刺や翅脈に適用すると一とか十のオーダーですが、このような場合には、流れは刺や翅脈に沿ってきれいに流れるだけであることがわかっていたからです（**図1-1**を参照）。流れに大きな影響を与える翅断面形状の揚力発生のメカニズムを解明することが先決だろうと考えたわけです。

幸い、大学院時代の恩師がトンボの飛行研究の世界的先覚者で、すでにギンヤンマの翅の断面形を調べておられたので、すぐに翅の断面写真を入手できました[*19]。運よく、この写真は大きな模型まで作れる解像度をもっていました。トンボの翅は断面が凸凹していますが、翅付け根から翅先にかけて、死後その断面形をかなり変えます。その変形の影響をも考えて、どの断面位置の翅を実験に使うべきかを決める必要があります。死後変化について疑うなら、これも自分で調べなければなりません。これについては、後ほどお話しするつもりです。

さて、入手できたギンヤンマの翅の断面写真には死後変化に関係して幾つか気になるところがありました。しかし、幸い翼の先端近くの断面形は、後に述べるウスバキトンボの翅断面計測の経験を踏まえても納得いくものでした。実験に選んだ断面位置は、翅付け根から翅先端までの先端側七十五％位置です。当時は、翅全体の正確な断面データが得られなかったことや、翅模型の加工技術の制約がありましたから、この位置の断面形に焦点を絞って翼周りの流れの実験をすることとしました。

模型を作ってみて驚いたのは、ギンヤンマの後翅の一部がNBU-3とよく似ていることでした。**図2-5**上のNBU-3の下に、ギンヤンマの翅の一断面模型を示します。本物のトンボとNBU-3はよく似ていましたが、トンボには後縁近くに小さな突起が付いています。実験してみるとわかるのですが、迎え角を増していくと下面の圧力が上がり、後縁部で下面から上面への逆流が起きます。NBU-3ではこの逆流を止められず、ある迎え角で一番山の高いところから流れが一挙に剥がれ、失速してしまいます。

一方、ギンヤンマではこの突起で逆流が遮られ、流れの剥がれが少し遅れるのです。明らかにトンボのほうが合理的です。トンボは意図してこの小さな突起を作ったのでしょうか？　そうは思えない節も多々ありますが、もし意図的なものだとすると驚愕せざるを得ません。真の理由はわからないにしても、以降、トンボを見下すのはやめ、彼らの持つあらゆる形に意味があると考えることにしました。

さて、トンボの翅のように断面が凸凹している翼のことを、専門的には「コルゲート翼」と言います。しかし、ここではこのように断面が波打ったりギザギザしたりしていながら空力的に成立する翼を、人工形状のものを含めて「トンボ翼」と称することにします。いずれにしても、超低速では流線型翼と異なるトンボ翼が素晴らしい翼型になり得ることがわかってきました。

超低速における、流線型翼を持つ機体の問題をもう少し具体的に説明します。機体が航空機に比べ桁違いに小型化し低速になると、どう頑張っても翼の上面に空気のよどみができることを防げません。よどみができると、満足に飛べなくなります。この問題が技術者たちを悩ませてきたことは先に述べたとおりです。ＭＡＶに関連する文献には、翼の上に動力駆動のコロのようなものを備えて、このよどみを吹き飛ばし、外側の流れをスムースにするというようなアイディアが幾つも出てきます。鳥サイズならともかく、翼弦長数センチメートルの翼にそんな装置を取り付けるわけにはいきません。このように、空気の粘性が機体の超小型化を妨げる大きな壁になっていることは知られていたのですが、良い解決策はなかったのです。

こういう状況の中で可視化実験を進めていくと、トンボは渦を空気のコロのように働かせてこの問題を解決していたことがわかりました。トンボ翼の凹部に渦が収まって、あたかも凹部が流れに影響を与えないようにしたり、翼の上を動く渦列にコロの代わりをさせたりして、流れを制御していたのです。渦列の場合には、次々にできる渦が後方に流れていくのですが、実によくできていて、翼の後端以降では、それまでコロ的な機能を発揮していた渦をただの空気に戻します。信じられないような巧妙な工夫と言わざるを得ません。

トンボ翼が低速で示す優れた機能についてもう少し詳しく見てみたいと思います。

トンボの翅は空気の渦を部品にしたマイクロマシン

可視化水槽を用いて、ギンヤンマの翅を模した翼周りの流れを撮ったものを、改めて**図２‐７**に示します。これは、前翅の付け根から半翼幅の七十五%翼端に進んだところの断面です。迎え角は五度、レイノルズ数は七〇〇〇です。このレイノルズ数は、弦長六センチメートルの翼が毎秒四メートルの速さで空中を飛んでいるときに相当します。トンボにしては大きいのですが、紙飛行機や超小型飛行ロボットが飛ぶときに遭遇する世界ですから、大いに興味のあるところです。

上の写真が翼周りを流れを示したものです。凸凹の周辺には渦らしきものが見えますが、翼から少し離れると整然とした流れになっています。このアルミ粉を使った方法では、翼近辺の渦らしきものが群れているところがよくわかりません。そこで翼にミルクを塗って、それが溶け出す様子を写真に撮ったものを下の写真に示す。

このようにして作られる流れのパターンを「流脈」と言います。流線と異なり、流れに乗っている渦を明瞭にとら

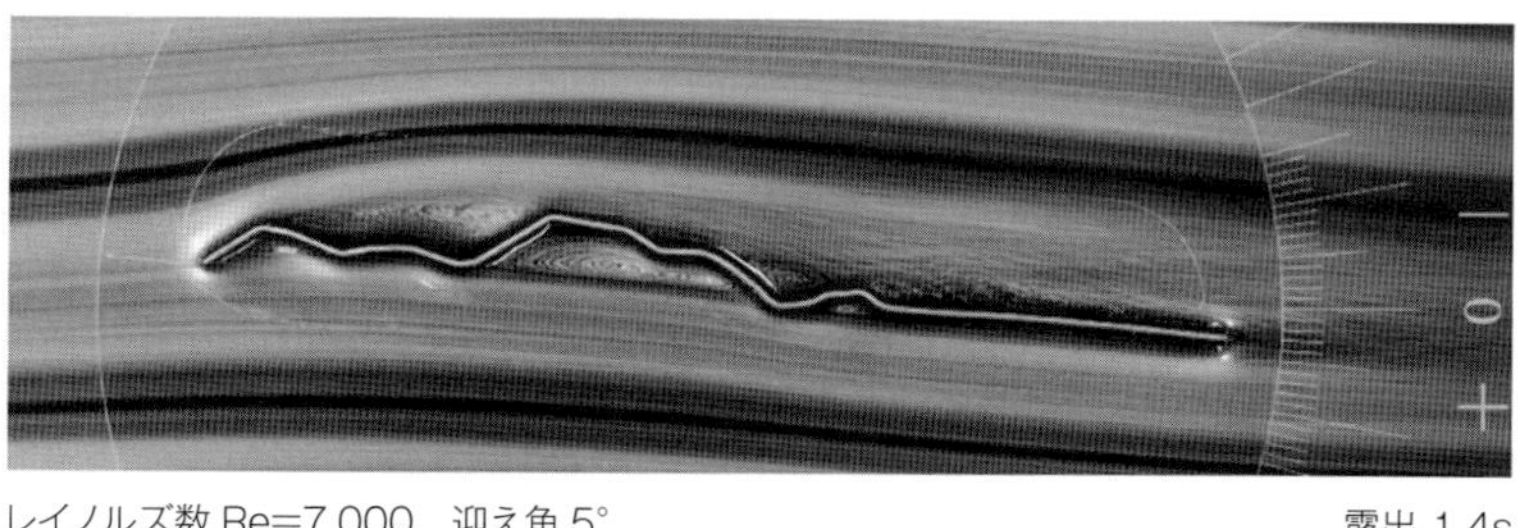

レイノルズ数 Re=7 000，迎え角 5°　　露出 1.4s

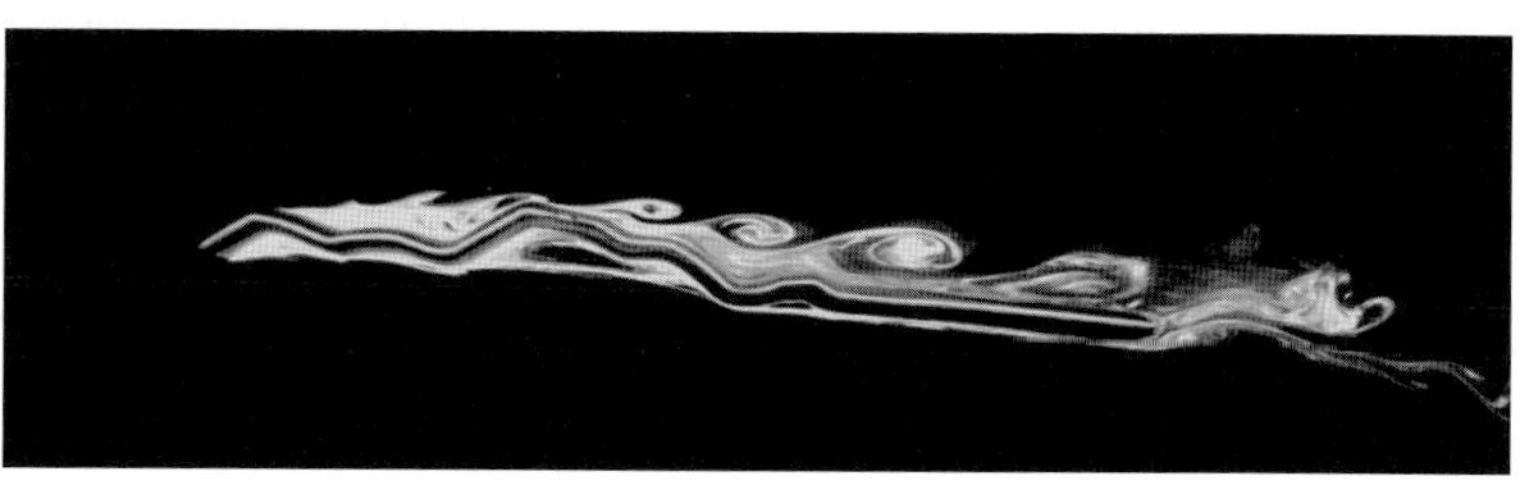

露出 1/60s

図 2-7　ギンヤンマ前翅翼端側 75% の流れ（流線と流脈）

えることができます。翼上面の最初の山の後ろから計七つの渦が概ね等間隔で並んでいます。これを「渦列」と言いますが、この渦列が流れに乗って後ろに流されていることがわかります。一様流に乗って動く渦の外側の周速は一様流速より大きくなりますから、ベルヌーイの定理（一つの流線上では流れが速いほど圧力が下がるという流体の基本特性を述べたもの）に従って、そこでは一様流の中より圧力が下がります。下面の凸凹の中にできる渦は渦列を作らず停滞した弱い渦のような流れであることもわかります。ここでの渦の周速は一様流速とほとんど変わらないことが見て取れます。渦による圧力低下が上下で違うことになりますから、流線を見なくとも揚力が出ていることがわかります。それでは抵抗のほうはどうでしょうか。

図2-7の上の写真に示されている流線をごらんください。これはアルミの粉の動きを、一・四秒露出の写真に撮ったものですから、流れが止まっていれば点に見えるはずです。流れが止まっているところはありません。つまり、流れを止めることによる大きな抵抗はほとんどないことがわかります。**図0-5**に示した流線型翼に比べて、流線が一様に上に凸であるという点で違います。これから、トンボ翼のほうがはるかに大きな揚力を小さな抵抗で発生していることがわかります。先ほど触れた、我々の課題だったMAVのあるべき翼型を示しているようです。

さらに驚くべきことがありました。それがプロローグで紹介した、空気の流線型翼です（**図0-4**）。これは、後翅の付け根から七十五％ほど翼端側の位置の流れをアルミ粉で可視化したものです。同じ位置で切っているのですが、**図0-4**の翅はギンヤンマの後翅で、**図2-7**上はその前翅なので、断面形の微妙な違いに応じて、流れの様子も少し異なります。前翅の場合でも、翅近くの渦巻いているところは流線型を成しているように見えます。トンボは空気の流線型翼を凸凹翼の周りに作っていると言えそうです。信じられないような機能です。以降、私のトンボに対するスタンスは全く変わりました。

これだけではありません。どうしてこのようなことができるのかを考えるとさらに驚きます。渦は機械ならコロと同じような機能を発揮します。翼の上面にできた渦とその上の整った流れの境界は、ベルトコンベアのベルトと見なすることができます。これは流脈法で得られた、同じ条件下の渦列の写真（**図2-7下**）からわかりました。トンボは空気のコロを次々に作って、空気のベルトコンベアを使ってその上の空気を整流していたのです（**図2-8**）。

揚力を発生させる仕事が終わったコロは、渦が拡散する形でそのままただの空気に戻ります。実際のトンボはこれらを全長一センチメートルぐらいのサイズに収めています。トンボの翅は空気を部品として作られたマイクロマシンの骨格だったのです。我々はいまだこのようなマイクロマシンを作ることはできません。これを知っていて実現したとすればトンボはすごいと言わざるを得ません。ことによると渦の有無は感じているかもしれませんが、トンボに空気が見えるとは思えません。トンボは、見えない空気を部品にしてマイクロマシンを作っていたのです。すでに述べたように、トンボは地上に最初に現れた飛行昆虫の一つとして知られています。地上に現れたときから、空気力学の天才だったのでしょうか？　突然変異と自然選択だけから、このような理にかなったものが生まれてくるのでしょうか？

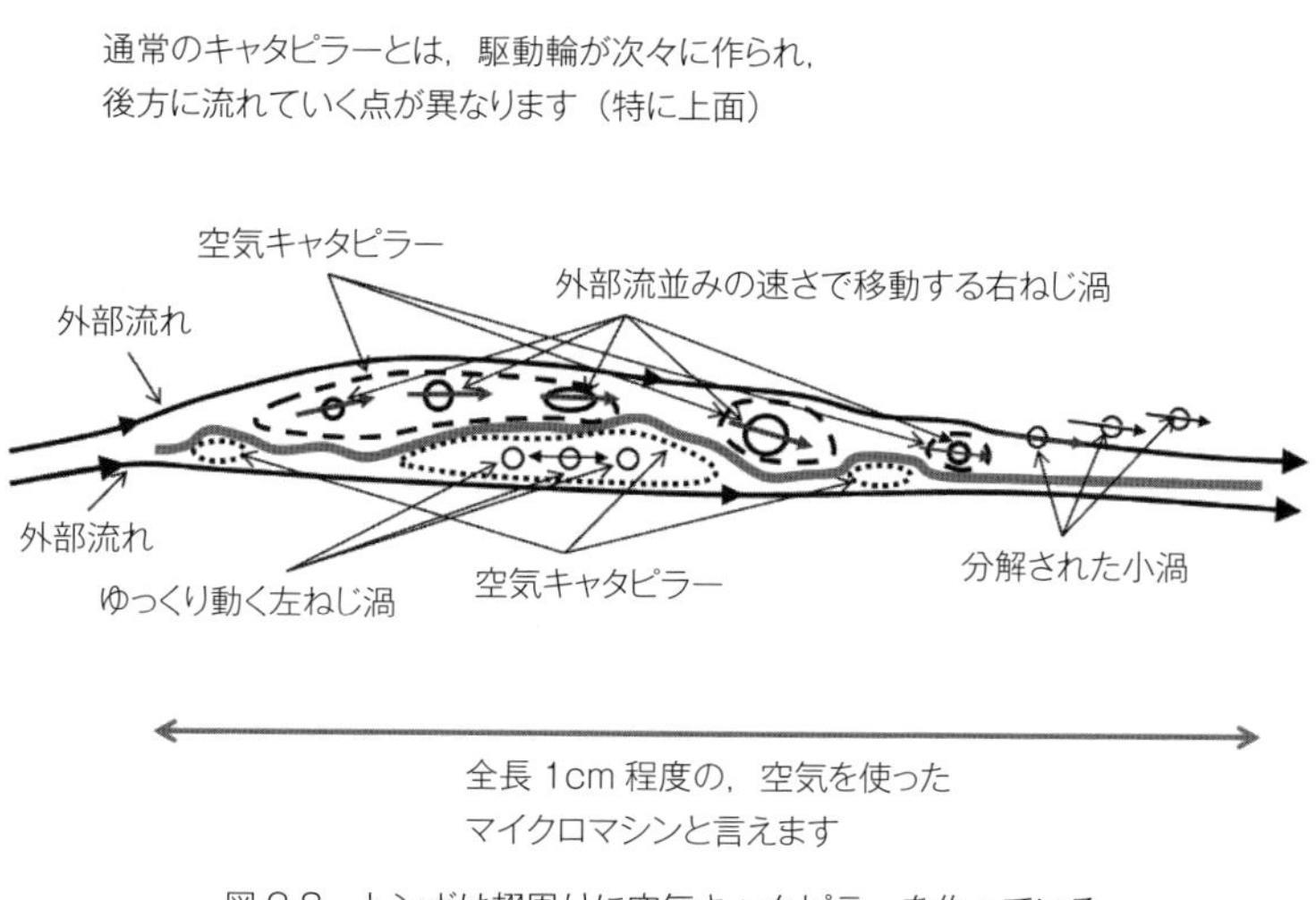

図 2-8　トンボは翅周りに空気キャタピラーを作っている

進化論はともかく、トンボが数億年も前から空気を自在に操っていたことは間違いありません。

トンボ翼は風速に左右されない

トンボ翼を持つ紙飛行機を屋外で飛ばしてみると、トンボ翼は空力的に優れているだけでなく、風の中での飛行安定性に優れていることがよくわかります。超小型・超低速の飛行体としてのトンボ翼機は、ほかの翼型を持った機体よりも外乱に対して強そうなのです。

ＮＢＵの大型可視化水槽は、回流水槽の外側に模型を支持したまま、流れに平行に動かせる精密なドリーを備えています。つまり流れの中においた模型周りの流れを観察できるだけでなく、そのまま急激に模型を十秒くらい前後に動かすことができ、流れに起きる変化を観察することができます。そこで、このドリーを使って、流れの中の翼が突然前方に加速されたときの翼周辺の流れがどのように変化するかを調べてみました。比較のため、薄い板を曲げて作った曲板翼も実験しました。

トンボ翼はギンヤンマ後翅付根から翼端まで七十五%の位置の断面、曲板翼は最大高さが全長の六%のベネデック翼から作った薄翼です。この曲板翼は模型飛行機に好適と言われるベネデック翼型の厚さをなくし、曲がり方（キャンバー）だけ一致させて作ったものです。迎え角は共に五度で、レイノルズ数は共に七〇〇〇です。この状態から翼を流速の半分の速さで突然動かしたら流れがどうなるかを調べてみました。

二つの翼型について比較したところ、驚くべきことが明らかになりました。トンボ翼周りの流れは加速の影響をほとんど受けませんでしたが、曲板翼のほうは加速後には飛行を継続できないくらいに影響を大きく受けたのです［＊1］。すでに述べたように普通の流線型翼型は超低速ではほとんど使い物になりません。しかし、それを薄くして曲板翼状にすると流れが翼下面に沿うようになって、全体として上に凸な流線を形成し、その結果揚力が発生して使えるような翼型になります。翼上面にできるよどみも厚い流線型翼と比べると、ずっと薄くなります。したがって、曲板翼またはその周りに薄い厚さを持った翼は、少なくとも定常な状態では、超小型あるいは超軽量な飛行体に使えそうな翼型ということになります。模型飛行機が薄い翼型を使うのはこのような理由によるものと考えられます。一定速度で、特に流れが変化していないときの様子を**図2-9**上に示します。

悪くありません。風のない室内で真直ぐ飛んでいるときに相当します。流線だけを見ると、トンボ翼より揚力も抗力も少し良いのではないかと思わせます。しかし、この翼を先に述べた方法で加速すると、事情が大きく変わったのです。加速直後の様子を**図2-9**下に示します。

よどみが小さくなって、流線の曲がり方が増しています。流線の曲りが大きくなるということは速度が増した分だけ揚力が増すのではなく、それよりも大きな揚力が出ることを意味します。また、よどみが小さくなるということは速度増相当分よりは抵抗が少なくなることを意味します。飛行中に流線の曲がり方が変わる影響は揚力や抗力だけに現れるわけではありません。翼面上の圧力分布が変わり、その力で機体の姿勢も変わってしまうのです。この場合は、飛行中に急に頭を下げることにつながります。しかも、流

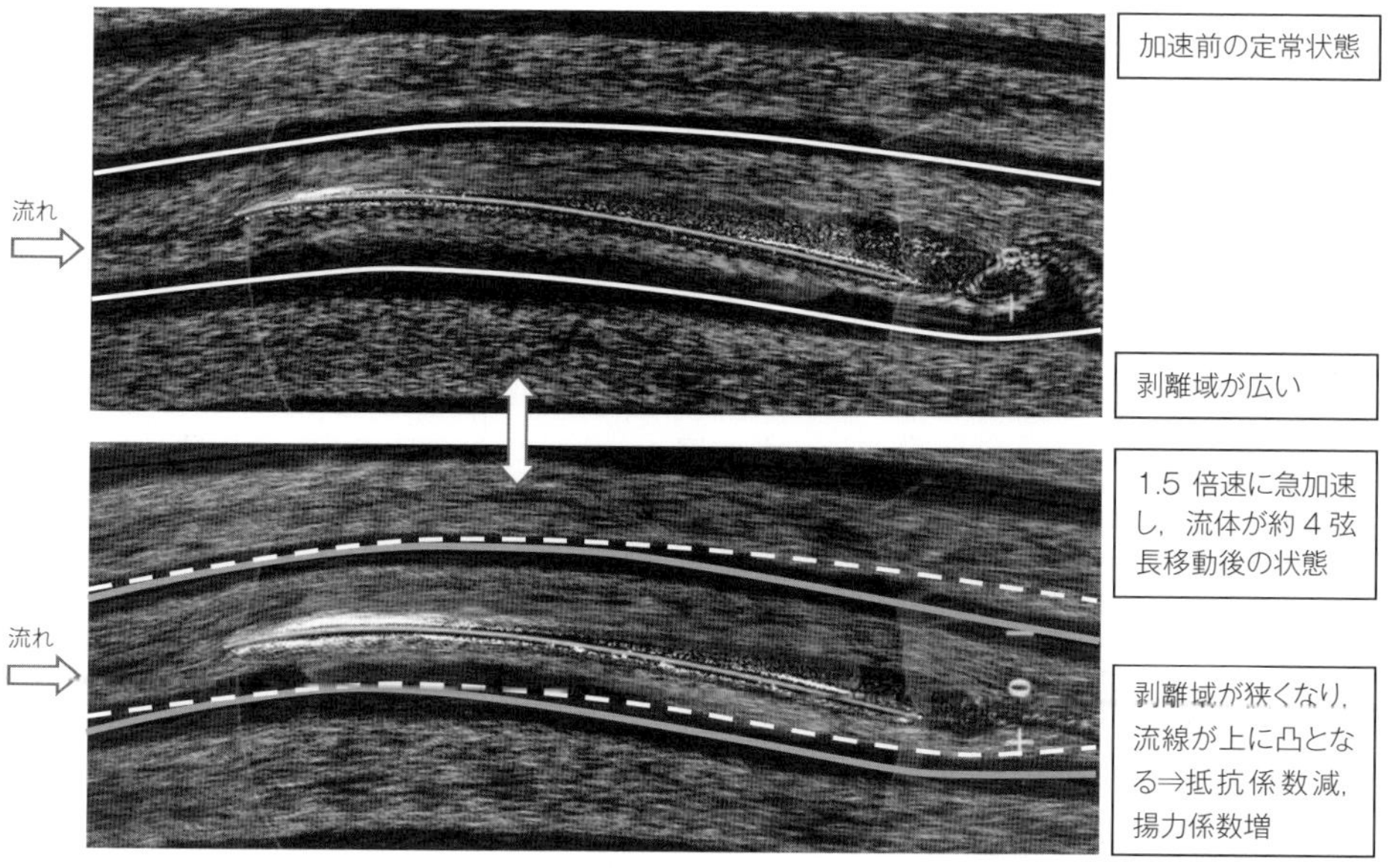

図 2-9　曲板翼の加速前後の流れ

れが弦長を二つ分通り過ぎるころには、速度に関わらずよどみは元の形に戻ってしまいますから、空力特性も元に戻ってしまいます。これでは、風を見ることのできない人間が屋外で操縦することは不可能と言ってよいでしょう。これが、超軽量な飛行玩具の使用が室内専用に限定されている理由と思われます。

一方、トンボ翼はどうかというと、加速前後でほとんど流れの形を変えなかったのです（**図2-10**）。加速前が上の図で加速後が下の図です。トンボ翼の凸凹の上にできる渦は加速によって相応に強くなりますが、外側の流れの形は全くと言ってよいほど変わっていません。流れの形が変わらないということは、翼面上の圧力分布形が変わらないということですから、曲板翼で現れるような、姿勢の変化も起きません。超小型機の屋外飛行を考えると、曲板翼に比べて比較にならないくらいの安定性を備えていると考えてよいでしょう。驚くべきトンボ翼の強みとも言えます。トンボ翼を使えば、超小型機を屋外で自在に飛ばせることができるかもしれません。

ここで、トンボの翅の空力特性の話は一段落とします。

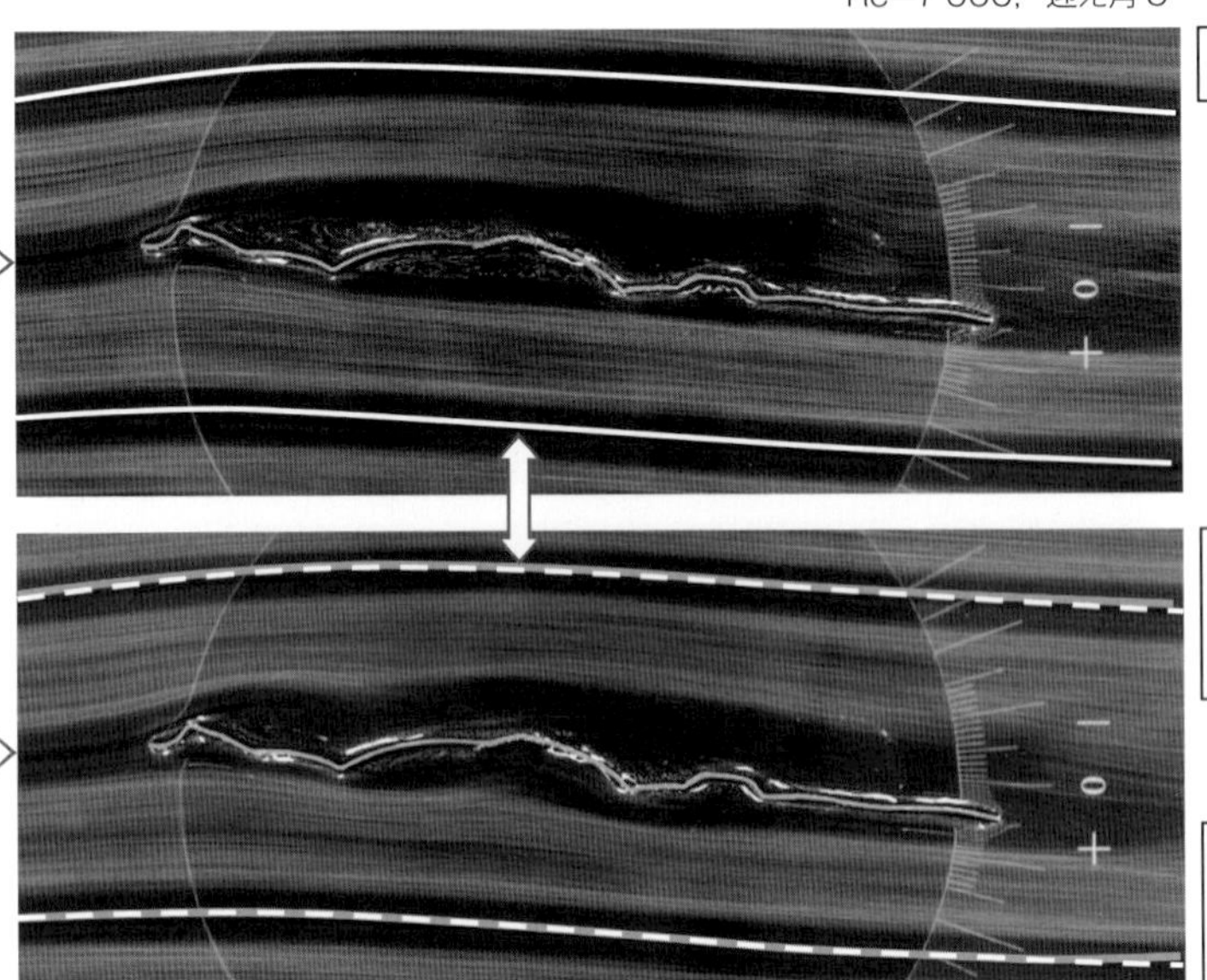

図 2-10　トンボ翼の加速前後の流れ

次はトンボの翅の断面形について調べた結果をお話しします。

滑空の達人ウスバキトンボ

先にもすこし触れましたが、実はトンボの翅の断面形はあまりよく調べられていません。もちろん、昆虫の研究をされる方はトンボを色々な面から調べています。しかし、飛行と関係づけて翅の断面を調査した例はほとんど見掛けません。

ところで大学のある九州では、滑空を得意とするウスバキトンボが最もポピュラーで、初夏になると大学構内で普通に目にすることができます。そこで、焦点を合わせた点までの距離をデジタルに表示できる光学顕微鏡を使って、ウスバキトンボの翅の断面形を推定することにしました。

ギンヤンマの翅とどう違うでしょうか？　滑空の名人ならば、滑空比の優れた断面を使っているのではないでしょうか。ずいぶん前から、ウスバキトンボは中国や台湾から一〇〇〇キロメートルを超える距離を渡ってくることが知られているので、滑空の名人であることは間違いありません[*20]。ことによると、すごい性能のトンボ翼が得られるかもしれないという期待もありました。

調べてみるとウスバキトンボの翅はギンヤンマの翅とかなり性格が異なっていました。「ウスバキトンボ」とは薄い翅を持つ黄色のトンボという意味だそうですが、翅の骨格をなす翅脈も細く、翅そのものも極めて薄いものでした。翅が傷付きやすいことは明らかでした。観察していると、ウスバキトンボは入り口が広く開いていても建物の中に入ってくることはほとんどありません。しかし、ヤンマ系はどんどん入り込んできます。一方ウスバキトンボは、滑空写真を撮ろうと思っても、距離が四、五メートルになるとカメラがほんの少し動いただけで反転して逃げていってしまいます。臆病なのかもしれませんし、翅の損傷を最小限に抑えるためかもしれません。

話はとびましたが、ウスバキトンボの四個体について、前後翅ごとに三か所の断面を、捕獲直後と一日後について学生に調べてもらいました。それぞれの位置は、付根から翼端までの距離の二十五％、五十％、七十五％としました。

捕獲直後に酢酸エチルで麻酔し、ピンで台に固定して、ピント位置が顕微鏡に表示される原始的な方法を採りました。個体数も少なく、計測誤差もあるのでその結果だけからはあまり確たることは言えないのですが、わかったことを以下にかいつまんで説明しておきたいと思います。

翅を翼としてみると、最大厚さとその位置、そしてキャンバー（反り）の程度が概ね翼の空力性能を代表するとされています。ギンヤンマの翅断面写真［*19］では胸への付け根付近でかなり大きなキャンバーを持っているようですが、ウスバキトンボはそれほど反っていません。計測した三断面の形を模型にして流れの中に置いたものを**図2-11**に示します。

各断面とも、厳密にとは言えませんが、凸凹の下端は概ね一直線上にあります。参考までに、ウスバキトンボは航空機では考えにくい形態上の特徴を持っていました。翼端に行くほど、飛行迎え角が大きくなる構造をしていたことです。最大で十六度も翼端近くで前縁をねじり上げているケースがありました。固定翼航空機の翼端失速は非常に危険なので絶対避けなくてはなりません。そのため、通常は

Re=7 000
迎え角 5°

25%半翼幅
露出 1.0s

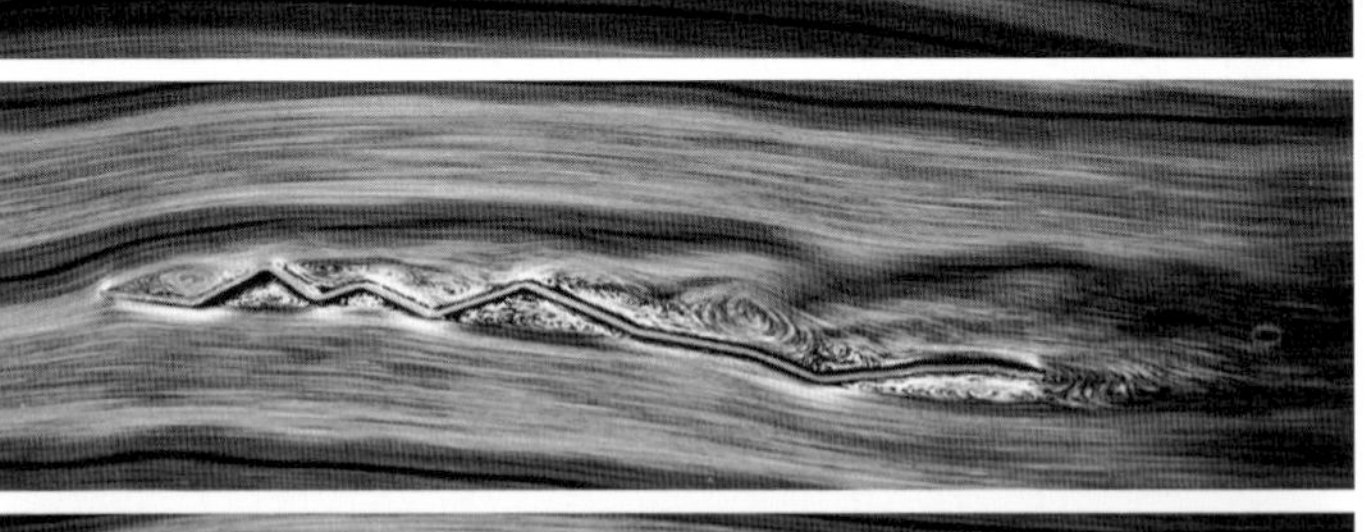

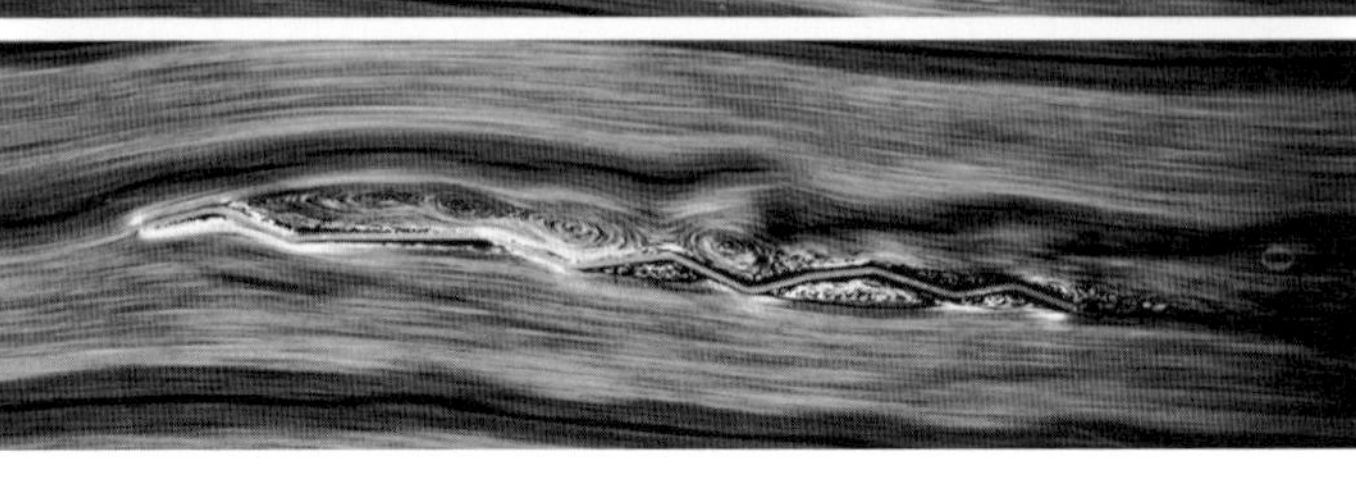

図2-11　ウスバキトンボ前翅周りの流れ

翼端で前縁にねじり下げを与えますが、トンボは逆なのです。翼のねじり上げは、樹上に止まっているシオカラトンボの静止写真からでも確認できます。残念ながら、その理由はわかりません。飛行中、風圧で薄い翅がねじれる可能性もありますが、真の理由はわかりません。

最後にトンボの翅の個体差と形状の経時変化についてわかったことを記しておきます。

個体差については**図2-12**に示したとおり、サイズや山谷の形にも少し差があります。弦長をパーセント表示にしてそれぞれを重ねてみると、山谷の稜線位置は概ね同じと言ってよいようでした。また、一日後に再度計測して、死後の経時変化も調べました。これについては、翅の反りと全体のねじり具合双方が変化を示しました。翅断面の反りも少し変わりますが、気になるほどではなく、それよりもねじれの変わり方のほうが顕著でした。最大のねじれ角は十七度に達していましたから、翅のねじれ角の測定値を何かに利用する場合には、慎重にアプローチする必要があると思われました。ねじれが最大のものは、翼幅の二十五％位置では二度程度のものが、五十％で十四度そして七十五％で十七度に達しているので、翅が回転しているわけではありません。

ところで流れの様子はどうでしょう？　再び**図2-11**の流線をごらんください（レイノルズ数は同じ七〇〇〇で、迎え角は五度です）。ギンヤンマでは下面の凹みには、流

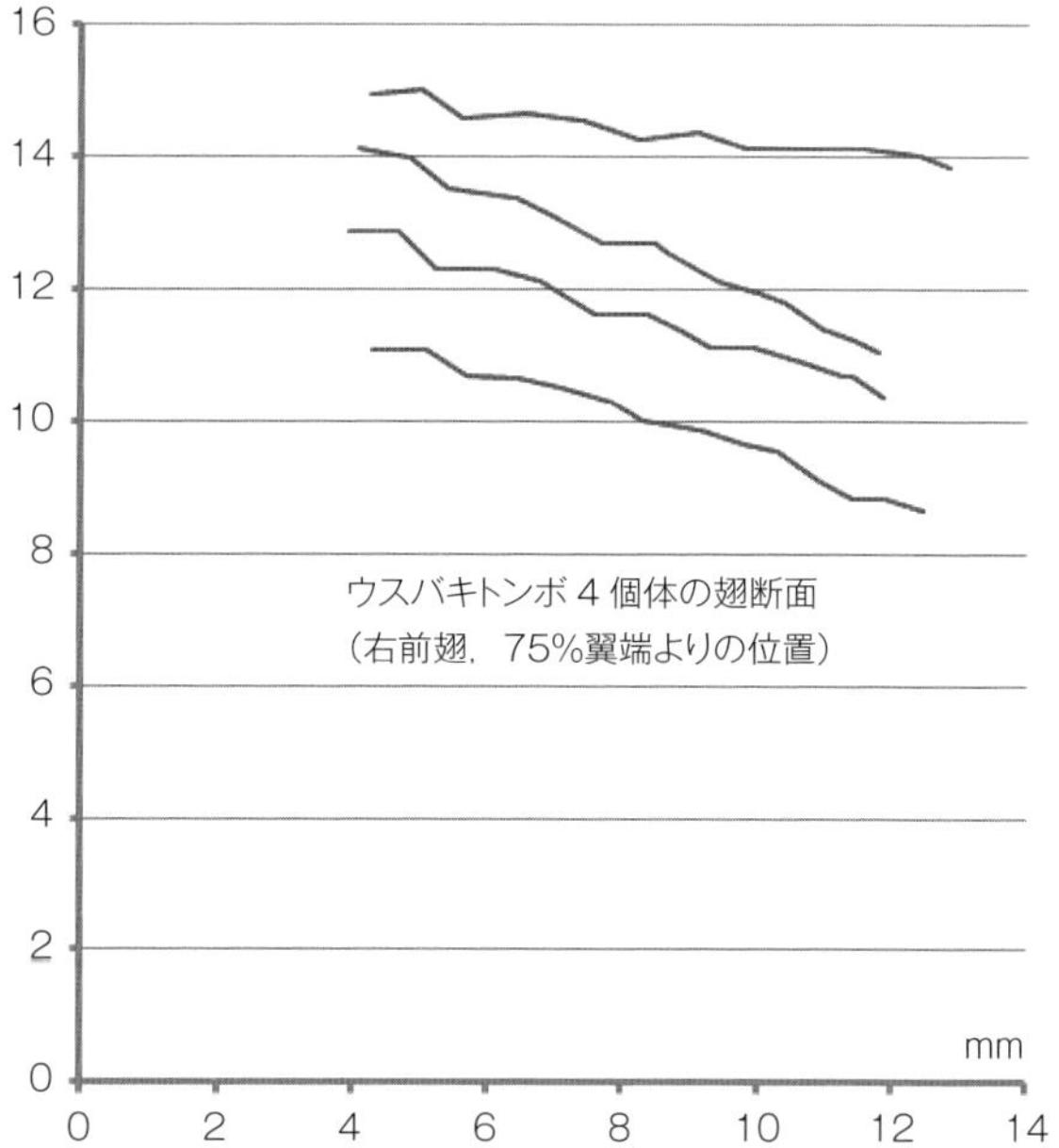

図2-12　ウスバキトンボ翅断面の個体差

れに蓋をするようにゆっくりした渦ができていましたが、ウスバキトンボの場合にも同じ傾向が見受けられます。下面は上面より圧力が高いことから、圧力が高いと渦の動きが緩やかになるように考えられます。ウスバキトンボの場合、位置によって翅の断面形がかなり変わっているにも関わらず、流線は断面位置によらず似たような形を示すことが注目されます。ギンヤンマでは断面位置を変えた実験を行っていないので断定できないのですが、翼幅全体にわたって一様にきれいに流れることがウスバキトンボの特徴なのかもしれません。

後に、同じレイノルズ数で空力特性を調べてみましたが、これについてはほかのトンボ翼型と比べ大きな差は見られず、夢のような性能というわけではありませんでした。ただし、三つの断面すべてで迎え角六度のときに最大の揚抗比を示し、付け根側に行くほどその値は良くなり、翼幅の二十五％位置では七・二でした（実験レイノルズ数一万一〇〇〇）。揚抗比とは揚力／抗力の値のことで、大きいほど性能が良いと言えますが、七は特別優れている値ではありません（曲板翼は同レイノルズ数で最大十ぐらいを示します）。ということで、今のところウスバキトンボの翅を使った滑空機が圧倒的な性能を示す確たる根拠は見いだせていません。しかし、とにかく軽くできているので、上昇風に乗りやすいことは間違いありません。ウスバキトンボの翅の断面のほうがギンヤンマより直線部が多いように見えますが、これは計測点の違いによるもので、拡大写真（**図2-1**）から見ると、ウスバキトンボもある程度滑らかなようです。

つまり、厳密にいうとウスバキトンボの水槽模型は本物と滑らかさの点で少し違っている可能性がありますが、これまで得られた空気の流れの性質を考えると、流れには大きな影響を与えないと考えています。このころから私の研究の重心は発見よりも応用側にシフトしていったのですが、いずれにしても、これらの経験は後述の飛行ロボットの翼やマイクロ風車の羽根を作るときに大いに役に立ちました。

二〇〇五年にトンボ研究がはじまったのですが、本格的な可視化水槽が完成するまで約一年を要しました。水槽が完成するまでの間、私は紙飛行機でトンボの飛行を学ぶことにしました。最初は、トンボがどの程度のものかを知りたいという軽い気持ちでした。トンボの翅の様子がわかる写真をネットで入手し、翅の形をできるだけ真似て切り取り、大きな凸凹をできるだけ真似て、幅十二センチメートルの紙飛行機をコピー用紙で作りました。

頭も胸もしっぽもない、紙と重心調整用のクリップだけの機体です。機体の中心部を指でつまんで、そっと放して飛ばせます。翼の反らせ方を工夫しているうちに飛ぶようになったのですが、このトンボの形をした紙飛行機には心から驚かされました。それまでの私の知識を根本から覆すような安定した飛び方を示したのです（**図3-1**）。

トンボ型紙飛行機の優れた直進安定性

トンボ翼の素晴らしさを知ったので、もっとも応用がしやすく学生が興味を持ちやすいトンボ翼機の開発に挑戦することにしました。超小型の固定翼飛行体をトンボ翼で作って飛行実験しているところは見掛けません。したがって、超低速におけるトンボ翼機が優れた安定性、特にその直進安定性において想像を超えるレベルを示すことを知っている方もほとんどいません。

トンボ翼飛行体が飛んでいるところを見れば、誰もがその安定性に驚くと思います。しかし、安定であるという学問的根拠を揃えるのはとても難しいことです。そこで、トンボ翼紙飛行機から得られた、トンボ翼機が安定性に優れている状況証拠的な発見を幾つか紹介したいと思います。

図 3-1　トンボ型紙飛行機（ミラクル１号）

普通の紙飛行機は、長期間保管すると紙が変形して良く飛ばなくなりますし、進行方向に対し左右に首を振った状態で放すと、大きな左右の揺れを繰り返しますが、この紙飛行機は三か月放置した後、手を加えないまま、左右に首を振った状態で放しても、瞬間的に進行方向に向きを変え、一切揺れることなく飛んだのです。多少は飛行に関する知識を持つ自分が見ても、信じられないような飛び方でした。また、その年の八月だったと思いますが、台風が来る直前の風の強い日に、研究棟近くの林の横を一群のトンボが強風の中を空中静止している様子を見て、強い感銘を受けました。体重一グラム程度の超軽量の昆虫が、風に吹き飛ばされずに空中を止まっていたのです。しかも、羽ばたいているようには見えませんでした。トンボの飛行技術は、自分の知っていた空気力学と飛行力学をはるかに超えていました。

これは何かあるぞ、誰がなんと言おうともこの理由を突き止めるぞ、と意を決しました。先ほどの紙飛行機にミラクル１号と名づけて大切に保管しているくらいです。よって、トンボが滑空しているときの姿をもう少し正確に模した紙飛行機を作って、その特性を評価することが次の目標になりました。

もっともトンボを参考にしようにも、誰も興味を持たないせいか、滑空しているときの写真は手に入りません。そこで自分で撮ることにしました。トンボの滑空状態を写真で鮮明にとらえるのはかなり難しいのですが、形を判断する程度の写真ならアマチュアでも何とか撮ることができます。トンボが滑空している様子を**図３-２**に示します。（**図**

ウスバキトンボ

チョウトンボ

図 3-2　トンボの滑空形態

0-1参照）

撮った写真を見ているとすぐ気づくことがあります。ほとんどの場合、トンボは滑空するときには前の翅を十五度から二十度上に反り上げ、後ろの翅をほぼ水平にして飛ぶのです。前後の翅双方共に上に反らせて滑空することもありますが、長時間続く滑空ではほとんど見掛けません。この前翅を上に反らせる形は、トンボの単に身体構造に基づく可能性もありますが、トンボが選んだ最も効率の良い、あるいは安定性の高い形である可能性もあります。翼を上に反らせることを「上反角をとる」と言います。

そこで、当面自分の作る紙飛行機は前翼上反角十五度、後翼上反角ゼロを基本とすることにしました。NBU-2のような簡単な断面のトンボ型紙飛行機でも、ある程度の性能を発揮することができます。最初に作ったのは翼幅十五センチメートルで、クリップで重心調整しただけの腹（しっぽ）のない、葉書を使った紙飛行機でした。前翼と後翼の上反角をトンボの滑空形態に合わせ、後翼を前翼に対して後ろ上がりに取り付け、重心を調整すると室内ではよく飛ぶものが作れました。

次は、風のある屋外での滑空です。この翅を翼に置き換えただけの紙飛行機は、屋外では想像どおり風の影響を大きく受けました。興味を引くような成果は全く得られなかったと言ってよいでしょう。

ふと、トンボの腹にも何か意味があるのかな、と思ってストロー製の腹を取り付けてみました。これを屋外で飛ばせてみて驚きました。横風の中でも、半分意志があるかのようにまっすぐ飛ぼうとするのです。腹の有無の差は大きくて当初は戸惑いましたが、考えた末、ものの形の持つ動力学的特徴をトンボが利用しているのだろうということになりました。

翼だけだと全体として横広の形で飛ぶことになりますが、腹を取り付けると十字形になります。あまり知られていませんが、横に広い物体が進行軸周りに回転しようとすると、素直にそのように回転することができず、ほかの軸周りにも回転してしまうという動的性質を持っています。竹とんぼの軸を徐々に短くしていくと軸が暴れて飛ばなくなるのは、この性質によるものです。

一方、翼に腹を加えて十字形にすると、その問題が出て

きません。トンボは動力学の専門家しか知らない知識を持っていて、それを利用した可能性があります。そこで、手で投げる代わりにスプリングによるパチンコ方式の発射ランチャーを研究協力者に作ってもらい、実験を重ねることにしました（**図3-3**）。

飛ばしてみると、まずはこの紙飛行機の直進性に驚かさ

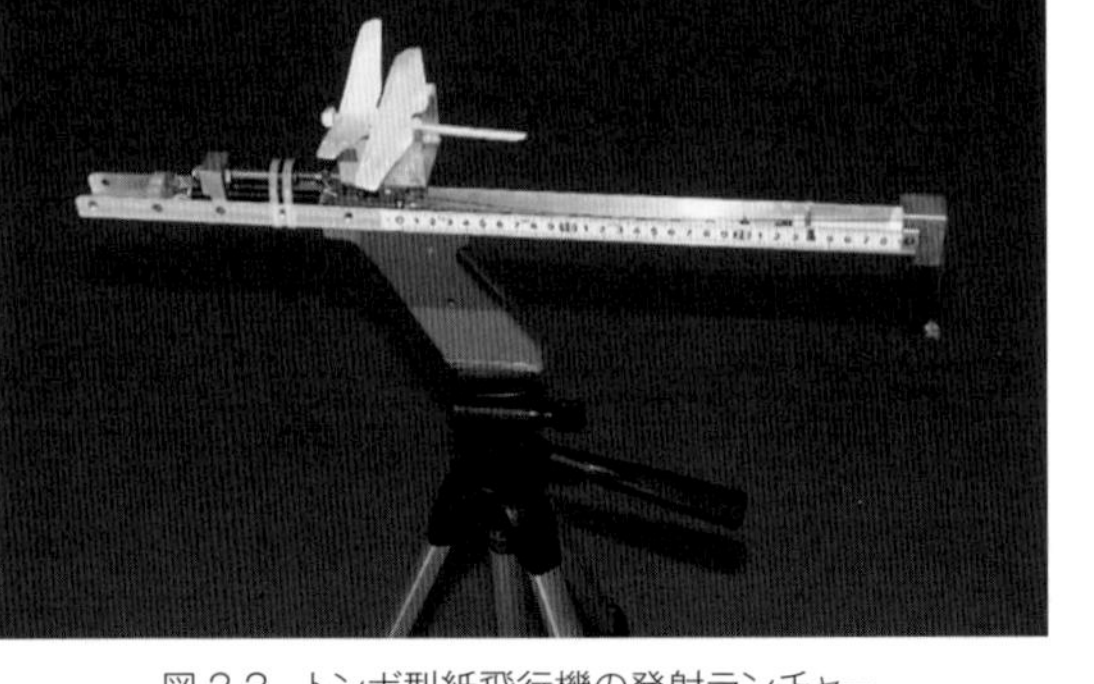

図 3-3　トンボ型紙飛行機の発射ランチャー

れました。手作りで、方向安定板もないのに五メートル先の目標を狙うことができましたし、扇風機の横を通過させても煽られることがなく、大きな軌道の乱れがありませんでした。このころ大型水槽の原型が概ね完成し、その改良に時間がとられ、しばらく紙飛行機の検討作業は止まってしまいましたが、水槽の改良が一段落したところで、また新しい飛行実験をはじめました。紙飛行機は作りやすく、色々なタイプを短時間で試せますから、飛行特性がよくわからない段階では研究に有用であることに気づいたのです。

そこで若干サイズを上げて、翼幅二十二センチメートルのトンボ型紙飛行機をケント紙で作り、機体特性と飛行特性の関係をつかみやすくしました（**図3-4**）。

今度は翼型もある程度自由に作れますし、重心位置も簡単に変えられるようになったので、重心位置に応じた飛行特性を調べました。

トンボ型紙飛行機の特長ですが、腹のストローのなかに半分に割った割り箸を差込み、割り箸を前に振ると、手首を振るだけで簡単に飛ばせます。体力のない人でも同じように紙飛行機を楽しめます。

それはさておいて、トンボ型紙飛行機の飛行特性に戻ります。重心を前にすると、機体が頭上げから水平に近い姿勢となり、飛行速度は上がって行きます。これは当たり前なのですが、それとともに直進安定性が高まってくることがわかりました。重心を前に持っていった機体は、同じよ

図3-4　翼幅22cmのトンボ型紙飛行機

うに横長の翼を使った普通の紙飛行機では考えにくいほどの直進安定性を示しました。それでは重心を後ろに下げるとどうなるでしょうか？

重心を下げると、直進性は弱まりますが、風に乗りやすくなってきます。風に正対して少し強く投げると簡単に宙返りして再び風に向かい、軽く投げると宙返りこそしませんが、風に煽られるようなことはなく、頭を風に向けたまま穏やかに前に進んでいきます。参考までに、トンボ型紙飛行機を上手く飛ばすための設計上のコツを説明します。前翼を水平にしたとき、後翼の後縁側が前縁に対して十五度ぐらい高くなるようにセットし、重心を前の翼の真ん中より少し後ろにすることです。ここでトンボ型紙飛行機の腹の示す飛行影響にも触れておきたいと思います。腹を真直ぐにして上手く飛ぶように機体調整ができたとします。このままで、腹を下に四十五度折った場合にどうなるでしょうか？　飛行のことを少し学んだ者ならば、必ず頭を下げて突っ込んでいくと言います。プロローグで説明したとおり、現実は違いました。

抵抗が増すために降下率こそ大きくなりますが、腹の

上流側から見る　　下流側から見る（テープのせき板を立てた状態）

図 3-5　会津風車（竹と紙製，翼素の最大幅位置までの半径 4cm，8 翼）

折れ角が四十五度でも頭を突っ込むようなことは起きず、ちゃんと真直ぐ飛ぶのです。飛んでいる様子も何かどっしりとして、てこでも横に曲がらないように見えます。詳しい理由はともかくとして、トンボ型紙飛行機が腹の上下への折れ角変化に対して強いことがわかりました。

トンボ翼が与える安定性はトンボ以外の動くものでも実感できます。八本の竹製のスポークの先に、カラフルな二センチ角ぐらいの正方形の厚手の紙を、菱形状に取り付けて羽根にし、中心を細い竹の棒で支えた可愛い風車をご存知と思います（**図3 - 5**）。よく見ると、この羽根紙は少し曲げられていて、よく回るように設計されています。そうです、羽根の断面は曲板翼をなしているのです。

この風車を二つ入手して、一つの風車の羽根の背中に幅一杯に高さ五ミリメートルぐらいの板を垂直に立てるようにセロテープで成形します（せき板を使った最も簡単なトンボ翼型です）。そして、元のままの風車と手を入れた風車の回り方を風洞で比較します（**図3 - 6**）。何も手を入れなかった風車はよく回りますが、風速六メートルあたりから風車の羽根それぞれが暴れはじめ、回転を支える支柱

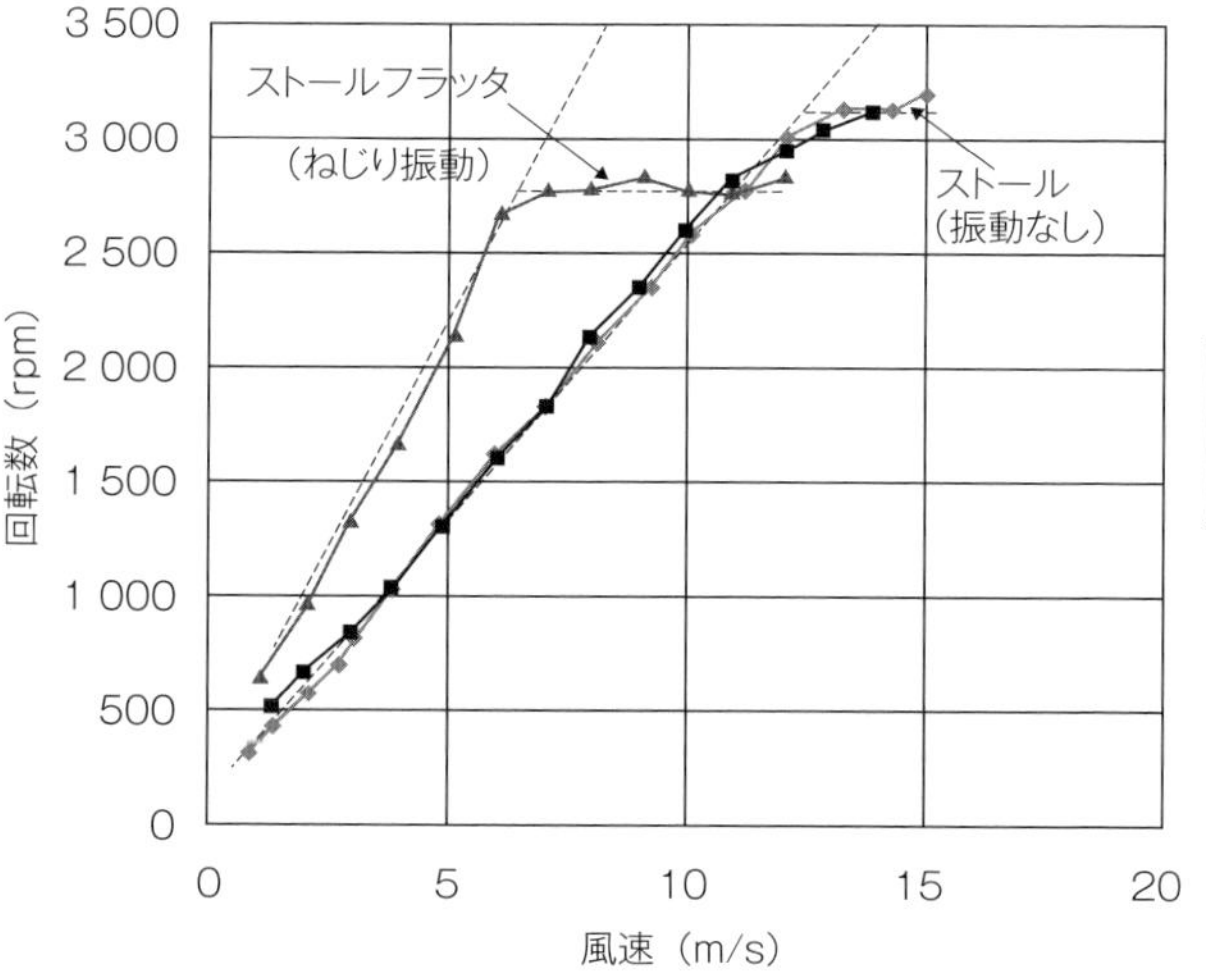

図 3-6　会津風車の実験

から風車が吹き飛びそうになります。一方、羽根に板を立てた風車は、何もしない風車に回転数こそ劣りますが、風速十五メートルまで振動などの異常を示しませんでした。

風車全体を支える細い竹の支柱が風圧に耐えられなくなってしまい、これから先の実験はできませんでしたが、安定性に大差があることが確認できました。これでトンボ翼が安定していることが立証できたわけではありませんが、トンボ翼にしなければこのようなことは起きませんから、超低速で飛ぶトンボ翼には何かあるのです。方向安定板を持たないトンボ翼の直進性が優れているのはなぜなのでしょうか？

昨年、翼が背負う渦に焦点を絞って、方向安定板のないトンボ翼機体と曲板翼機体のモデルを用意して、渦と直進性の関係を明らかにする実験を可視化水槽で行ってみました。その結果、トンボ翼に関しては、それが背負う横渦が出す翼端渦は斜め（ヨー）に進むときの前側では、曲板翼機のそれに比べてかなり強くなることがわかったのです（**図3-7**）。

進行方向に対して翼が水平面内で斜めになると、前に出

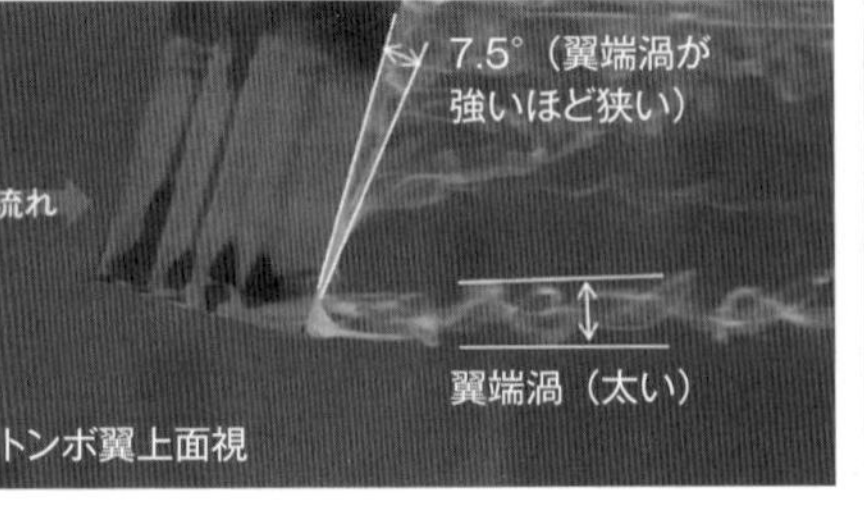

NBUトンボ翼，前進角 15°，迎え角 9°，
Re≒4 000

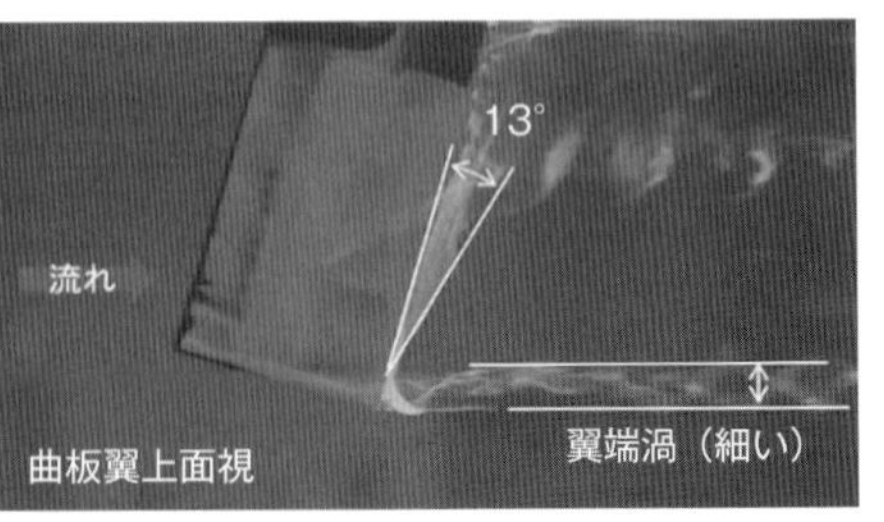

曲板翼，前進角 15°，迎え角 9°，
Re≒4 000

図 3-7　トンボ翼と曲板翼の翼端渦の違い

たほうの翼端に生じる誘導抵抗の増加分は、トンボ翼機に元に戻そうとする大きな復元モーメントを与えます（翼端渦と誘導抵抗の関係については付録Aを参照ください）。

実際、前縁から三十％のところにヨーの回転ヒンジを持たせた模型を水中に置いて実験をしてみると、上反角を持たせたトンボ翼は、ヨーの外乱に対しても数回振動して元に戻りました。一方、同じ上反角を持たせた同寸の曲板翼はヨーの外乱を与えずとも発散してしまいました。この安定性の大差は翼端渦によるものとしか考えられません。

今のところ、斜めに進むトンボ翼の前方に出た翼端渦が曲板翼のそれよりも強くなる理由を、次のように考えています。

実験に使ったトンボ翼は四つの山を連ねています（断面については**図4-11**をご覧ください）。したがって、**図3-7**のような、それぞれの山谷が流れに直接当たるように、翼端を前に出すような形で進む場合には凸凹の山ごとに翼端渦を吐き出すことになります。つまり、トンボ翼から出る翼端渦は、小さい山を持った部分翼の翼端から出る翼端渦が、つながっている部分翼ごとに発生してから束ねられたものということになります。一方で曲板翼は全体として一つの山しか持っていませんから、その山に応じた翼端渦は一個しかできません。

翼を斜めにして進むと、前に出たほうの翼端から出る渦はトンボ翼のほうが数の分だけ強くなっているのではないかというわけです。**図3-7**写真もトンボ翼のほうがミルクの剥がれ方が激しいことを示していて、山ごとの渦の生成を示唆しています。

なお、カルマン渦がきれいにできるのはレイノルズ数が一五〇くらいであることから、トンボ翼における凸凹の山の低辺長基準のレイノルズ数（実験では二〇〇から四〇〇でした）と翼長さ基準のレイノルズ数（一〇〇〇から二〇〇〇でした）の違いが渦の出来方に違いを与えているのではないかとも考えられます。

ところで、コルゲート翼の動的実験中、機体を急にロールさせたために生じる迎え角増が、強い出発渦を作ることもわかりました（**図3-8**）。

曲板翼ではこのようにきれいな渦を見ることはできません（**図3-9**）。出発渦が揚力を増すことは明らかなので、

コルゲート翼迎え角急増（0→7 度），@30mm/s，弦長 40mm
R=12 000

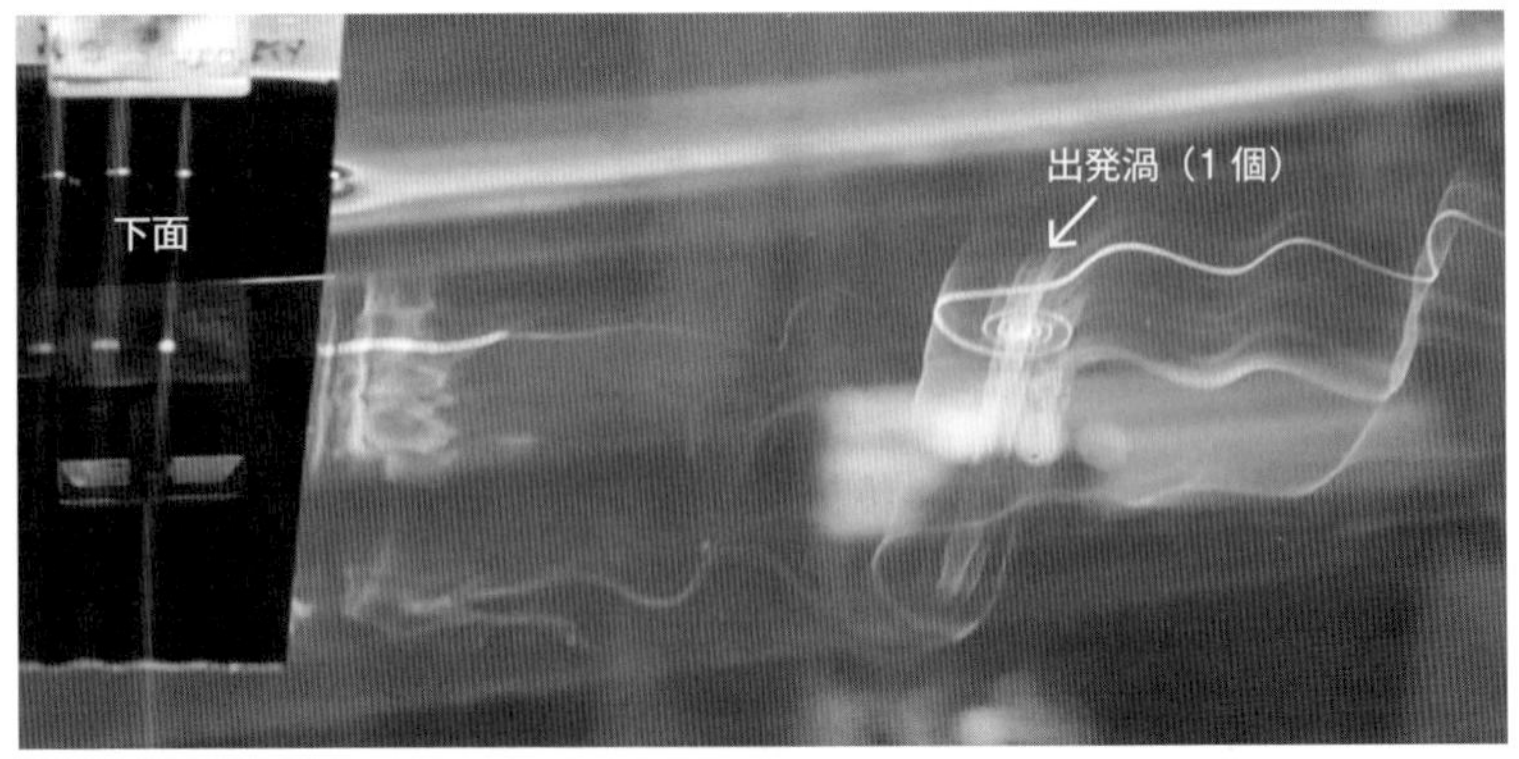

図 3-8　トンボ翼の迎え角急増時の出発渦

曲板翼迎え角急増（0→7 度），@30mm/s，弦長 40mm
R=12 000

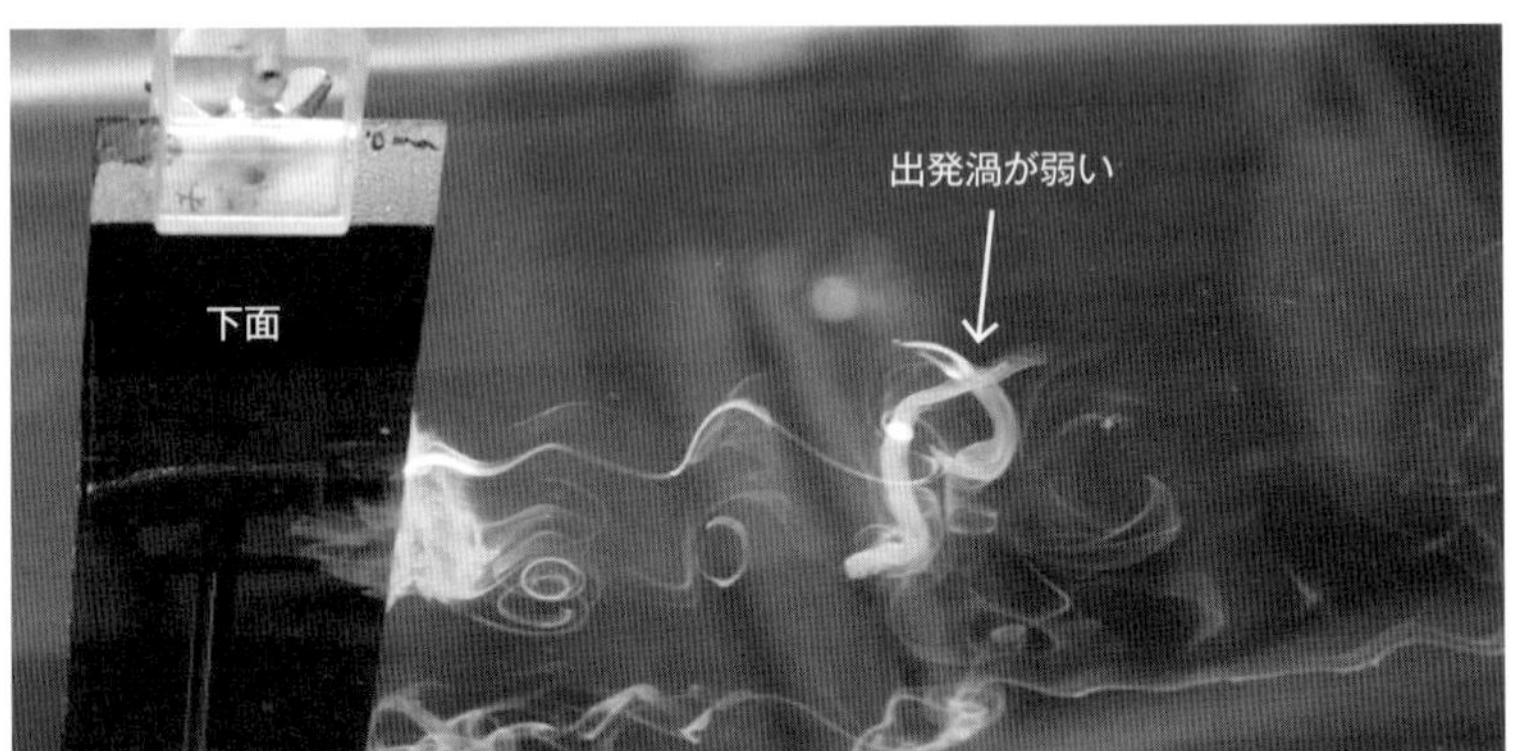

図 3-9　曲板翼の迎え角急変時の出発渦

コルゲート翼がロールをはじめると、翼にはロールを復元させようとするモーメントが曲板翼よりも強く現れることになります。トンボ翼の翼端渦と出発渦（加速のときにも表れます）が、従来型超小型機が持てない動的安定性を与えていることは間違いないようです。

上に述べた推論を元にすると、トンボ翼を持つトンボ型紙飛行機が風に流されず風に向かいやすいことや、上反角を少なくしても安定に飛べることなどの理由が何となく見えてきます。上反角が小さいと横風に煽られなくなり、地面近くでは高度ロスが少なくなるという大きなメリットを生みます。トンボ型超小型飛行ロボットは、風環境の中で従来型機にない優れた安定性を示す可能性が高いことがわかってきました。

さて、羽ばたき機が固定翼機に比べて製作誤差や外乱に強い性質を持つことは、超低速機に関心を持つ専門家なら誰でも感じていることです。私には、その理由が羽ばたきによってできる強い渦の発生と関係があるように思えてなりません。翼の変動に伴って発生する翼端渦と出発渦がその鍵を握っていると思われますが、研究者による解明を期待するところです。このようにトンボ研究に取りかかった当時は考えもしなかったような見方や用途の可能性が見えてきました。

超小型トンボ型飛行ロボットの開発

トンボ技術の用途として誰しも最初に考えるのは、トンボ翼を持つトンボ型をした超小型の飛行ロボットでしょう。飛行機としてみると、翼と胴体が十字形をなす極めて特殊な形をしているので、誰も本気で考えたことはなかったようです。紙飛行機が予想以上によく飛んだので、プロペラをつけたロボットにすれば、ことによると航空工学に関する新しい知見が得られるかもしれません。そんな期待もあって、これをトンボ技術応用の最初の挑戦テーマとすることにしました。

本研究をはじめたころ、技術の進歩で超小型の電池やモーターが安価に入手できるような環境が整いつつありました。学生が作るのですから多少時間はかかりましたが、当初の想定どおり、屋外飛行が可能なものを作れるように

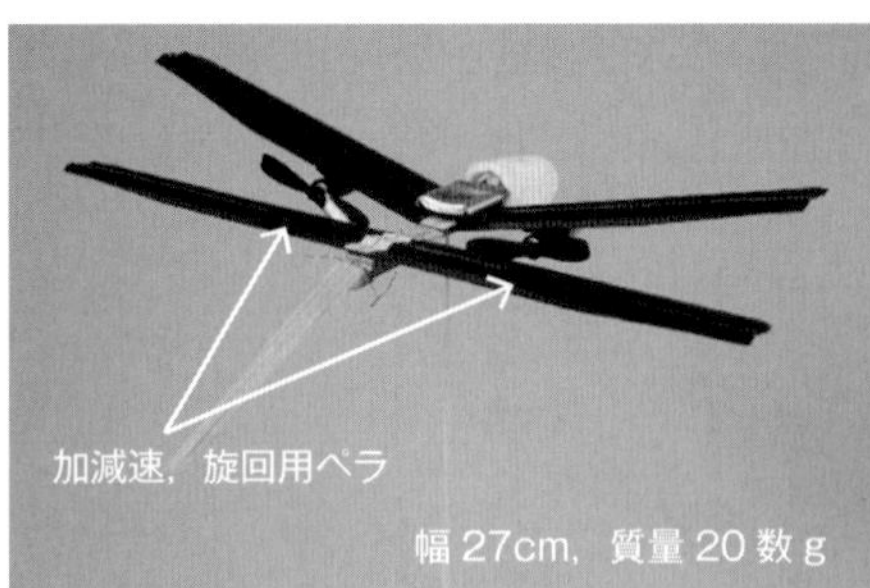

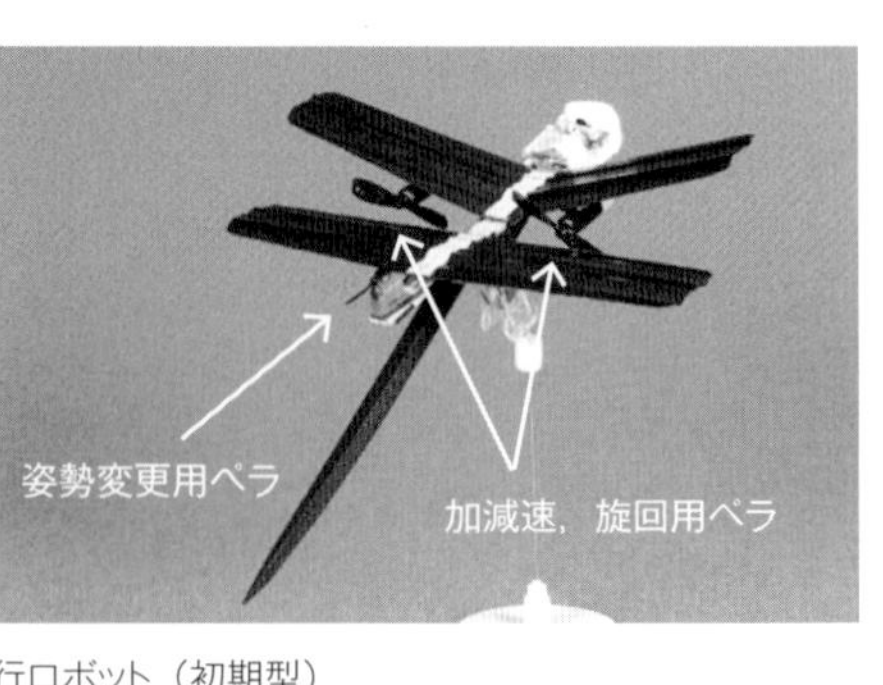

図 3-10　トンボ型飛行ロボット（初期型）

幅 25cm，質量 17g

図 3-11　トンボ型飛行ロボット（軽量型）

なりました。**図3-10**は、翼幅二十七センチメートル、質量二十数グラムのトンボ型をしたRC飛行ロボットです。

翼型はギンヤンマの後翅七十五%翼端側のものを使っています。障害物にぶつかったときの衝突に耐えるため、翅には強くて軽い炭素繊維複合材（CFRP）を使っています。学科にCFRPの加工経験があったのも幸いしました。この段階では玩具の室内専用RC機からコントローラーや電池、プロペラやモーターを流用しています。玩具には飛行時間は五分と記載されていました。購入した玩具は屋外では風に持っていかれてしまい楽しめませんでしたが、このCFRP製のトンボ型飛行ロボットは、風速四メートルくらいまでなら屋外でも飛ばすことができました。飛行時間も十分以上に伸ばすことができました（軽量型を**図3-11**に示します）。

屋外で十分以上飛ばせると、実用的な使い方を考えられるようになります。プロペラを前翼と後翼の間に置くことで、プロペラ後流が後翼の一部を常に覆いますから失速が起きにくいこともトンボ型飛行ロボットの特徴と一つと言えます。また、モーターを止めれば風圧でプロペラが翼の

後ろに隠れるのでプロペラが傷みません。**図3-12**は、普通なら失速必至の迎え角四十度でも、コントロールされながら人が早足で歩く程度の低速で飛んでいる様子を示したものです。

失速しないで揚力を増やせれば、低速でも飛ぶことができます。通常、低速飛行を目的とする飛行機は特別な高揚

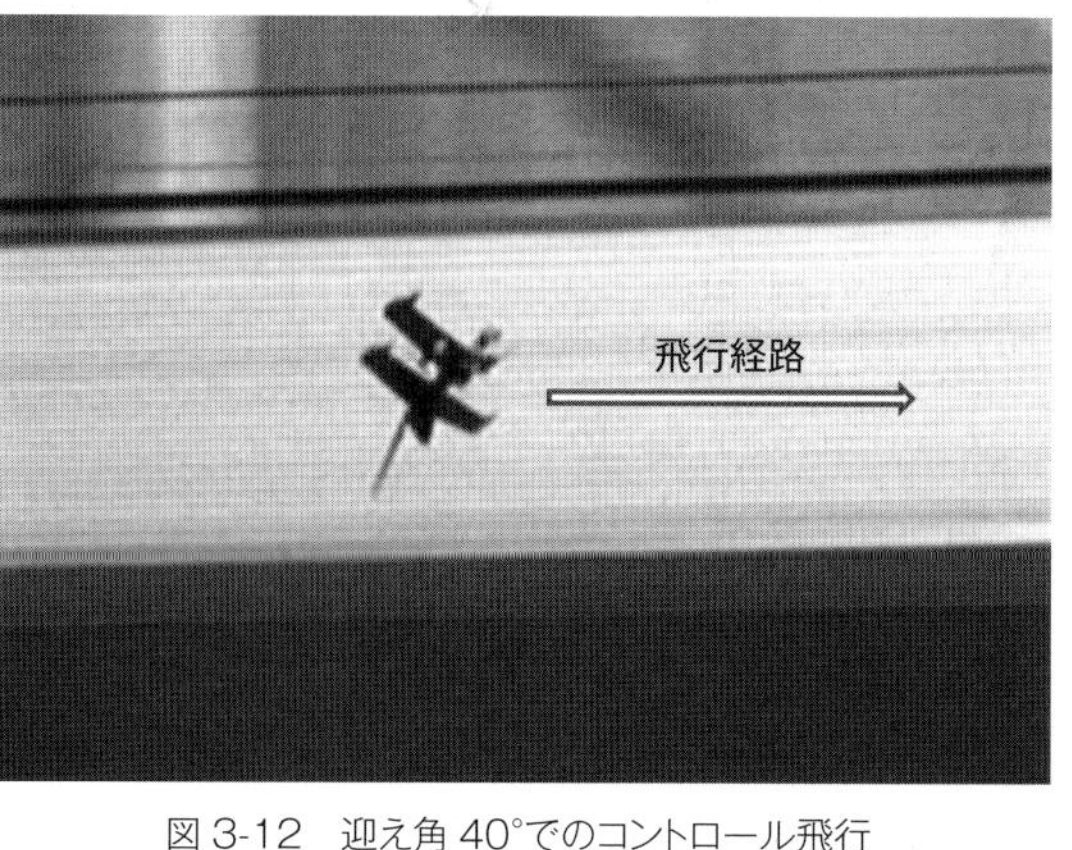

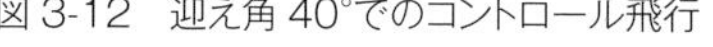
図3-12　迎え角40°でのコントロール飛行

力装置を付けるのが常識です。しかし、トンボ型飛行ロボットは、特殊な高揚力装置を待たなくてもプロペラが推進装置と高揚力装置を兼ねるのです。もちろん、前翼には失速を遅らせる小さな工夫が加えられていますが、特別なものではありません。

超小型トンボ型飛行ロボットは人間の速足くらいの低速度から全力疾走並みの速度まで、重心位置を変えるだけで切り替えることができます。一度十グラムの市販超小型VTRを搭載して体育館で飛ばせたことがあります。体育館では何度も成功しましたが屋外では一回しか上手くいきませんでした（**図3-13**）。

VTRの重さを支えるため、失速ぎりぎりの大迎え角で飛んでいますから、少しでも風を受けると飛行が不安定になってしまいます。これには、さらに空力設計のリファインを突き詰めなければなりません。これを成功させるためには、多くの改良、世代交代を重ねる必要があります。現在、従来よりもはるかに容易に作れるロボットに改良中です。

紹介したロボットの黒い部分はCFRPというカーボ

図3-13　構内上空から校舎を撮影

ン繊維を使って成形しているところで、製作に多少手間がかかり、簡単に設計変更できないという難点があります。強度と剛性が十分あって、しかも簡単に作れるロボットができると、風の中で空中静止したり、屋外から撮影映像を無線で地上に送ったりすることが期待できます。このようなロボットの実現も近いと、楽しみにしています。

近年、マルチローターヘリのように扱いやすい飛行ロボットの小型化が注目を浴びています。四つ以上の回転翼を平面内に並べた垂直離着陸可能な小型飛行ロボットでドローンとも呼ばれています。しかし、このような飛行ロボットの超小型化は、安定に関わる実用性を考えると、まだまだ先の話のようですし［文献＊21］、固定翼機のように長時間飛べるわけではありません。ちなみに、約二十グラムのトンボ型飛行ロボットは十五分以上飛行できます。

回転円柱付トンボ型飛行ロボット

さて、私はトンボ型飛行ロボットの開発と並行して、学生諸君とともに小型水槽で発見した回転円柱を高揚力装置として使えるかどうかの基礎実験と、飛行ロボット用高揚力装置の試作をはじめていました。**図1-15**に示したように、回転ロッドと平板との組み合わせはかなり効果がありそうです。もっとも、小型ロボットに搭載するときには、円柱の周速を確保するために直径六ミリメートルの円柱を毎分五万回転以上回さなければなりません。ストローと最新の超小型モーターを使うと、片持ち方式でも五万回転し、なおかつ妙な振動を起こさずに機体に取り付けられることがわかりました。例によって、何回かの試行錯誤の後できた機体を**図3-14**に示します。

前翼の前縁に白く見えるのがストローの回転円柱です。静止状態で毎分五万回転をします。左側の写真でおわかりのとおり、後翼の前にプロペラがありますから後翼は元々失速しにくかったのですが、この回転ストローで前翼も失速しにくくなったわけです。予想どおり、極めて安定した飛行を示しました。スピードガンで計測すると、毎秒一・七メートルの低速度で自由に飛行できました。このときの揚力係数を逆算するとC_Lは六でした。「揚力係数」とは、翼の発生する揚力レベルの大小を表す数値のことで、大き

図 3-14　回転円柱付トンボ型飛行ロボット

いほど大きな揚力を発生できることを意味します。ちなみに飛行中の揚力係数が六ということは、普通の飛行機ではとても実現できない大きな揚力を出して飛んでいることを意味します（付録Aを参照ください）。この回転円柱装置の重さは駆動モーターも含んで左右合わせて五グラム程度ですから、超小型機用の高揚力発生装置として極めて魅力的だと考えられます。

このくらい低速になると、風船などの目標に当てること

が簡単にできます。回転円柱のない機体と比べての最大の特長は超低速での飛行安定性でしょうか。定量的には示せないのですが、ビデオで比較してみると回転円柱付ロボットのほうが腰の据わった飛び方をしていることがよくわかります。この機体は失速までの迎え角に大きな余裕を持つことが期待できます。この機体はトンボ翼のように前翼の背中に渦は背負いませんが、ストローの回転によって実質前縁に非常に強い安定した渦を保持していることになり、トンボ翼の機能を高めたものとも考えられます。

落ちない飛行機は実現できる？

現代航空機革新に関わる大きな目標の一つが、落ちない飛行機の実現にあることには異論の余地がないと思います。進歩したセンサー、コンピューター、通信、制御などの技術や理論を利用して、落ちない飛行機運行システムの開発が世界中で日夜行われています［＊22］。

落ちない飛行機とはいっても、落ちにくい機体の形状を目指しているわけではありません。どちらかというと、何

か不具合が起きても何とか飛び続けることのできる制御システムの開発が目標となっています。

トンボ型紙飛行機を飛ばしているうちに、幾つか興味深い現象に気づきました。ジャイロを積んでいるわけでもないのに、風の中でも姿勢を大きく乱すことがないのです。常に風に正対しようとすること、横風を受けても煽られて大きく姿勢を変えることがないことだけが、トンボ型紙飛行機の特長ではありません。重い翼が重心位置近くにしかないので宙返りをしやすいことも、姿勢を回復するうえで大きなメリットになります。

毎秒四、五メートルで飛ぶトンボ型紙飛行機を目の高さから背面状態で手を離しても、足下では正常な飛行姿勢に戻ることができます。頭を下にして手を放しても足元ではぎりぎり水平姿勢に戻ります。普通の紙飛行機では、そう簡単に姿勢を戻せません。

また、前翼と後翼を前後に並べるトンボ型は前翼に少し工夫を加えると、ほぼ同時に失速させることができます。こうすると失速した瞬間でも直ちに頭を下げず、はじめは水平に落ちようとします。

もちろん、落ちはじめれば後翼と腹の抵抗が利いて徐々に頭を下げますが、通常の主翼と尾翼からなる飛行機型の失速と比べれば、その程度ははるかに緩やかなものです。主翼が失速すると揚力が減るので共に高度を落としますが、通常の飛行機型は主翼のほうが尾翼より先に失速するので、大きく頭を下げて降下してしまう時間が長いのです。地上近くでの失速を考えると、失速後の姿勢をいかに速く戻すかが飛行安全に大きく関わってくるので、トンボ型のメリットが目立ってきます。

さらに、トンボ型飛行ロボットの場合、前翼と後翼の間にプロペラを置く形式なので、後翼は簡単に失速しません。プロペラの後流が常に後翼の上を洗うので失速しにくいのです。高揚力装置を最初から、重さのハンディなしに備えているようなものです。この形式を使うと、突風で機体全体が失速しても瞬間的に姿勢を水平に戻し、何事もなかったように飛行を続けます。

トンボ型飛行ロボットの屋外飛行ビデオを丁寧に見ていたら、信じられないような映像がありました。風で姿勢が大きく乱れたとき、一コマだけ腹が垂直、すなわち立ち姿になっても次のコマでは水平姿勢に戻っていたケースがあったのです。何度見直しても、瞬間的に姿勢を回復しています。いかに超小型で軽量でも、普通の形態の機体では考えにくい事象です。荒れた大気中を飛ぶとき、姿勢回復に必要な時間が短いことは地表近くに限らず、安全に大いに貢献します。

これらの性質は、トンボ翼というよりも、トンボの平面形によるところも大きいと考えられます。本気で落ちない飛行機ができるのではないかと思ってしまうくらいです。落ちない飛行機の形に関わる研究はなされていないようですが、少なくとも超小型機としてなら、トンボ型は極めて魅力ある飛行形態であるということが言えそうです。

火星探査用トンボ型飛行ロボット

話し変わりますが、火星探査用飛行体にもトンボ型飛行ロボットが向いていることを指摘しておきたいと思います。まだかなり先の話ですので、ここではそれが荒唐無稽な話ではないことを説明するにとどめます。

火星大気は地球大気より薄く、組成も異なります。同じサイズ、同じ速度の機体が飛ぶとレイノルズ数が地球より一桁低い値を示すそうです。レイノルズ数の低さだけを見るとトンボ翼機の出番がありそうです。そこで、その実現性を考えてみたいと思います。

付録Aに示したように、揚力をL、揚力係数をC_L、大気密度をρ、飛行速度をV、そして翼面積をSで表すと、揚力は$L = (1/2)\,\rho V^2 S C_L$と表せます。火星では大気密度$\rho$が地球の八十分の一なので、この式から同じ飛行条件では揚力Lは地上に比べて大幅に低下することがわかります。重力は地上の四十%弱ですからその分機体は軽くなりますが、それでも揚力は不足です。揚力が機体の重さと等しくなって初めて水平飛行ができるのです。弱い重力を考えても二十七倍の翼面積Sを与えるか、二十七分の一の重量で機体を作らないと成立しないことになります。速く飛ばせばよいのですが、音の壁といわれる衝撃波にも気を付けなければなりません（音速は地球の三分の二です）。

このように、火星で飛行機を飛ばすのは難しそうですが、音速にならない範囲で地上の五倍強の速度で飛べば、地上の航空機と同じ形を持ち込めそうです。高速になっても大気密度が低いので風圧で壊れる心配はなさそうです。

速度を上げるとレイノルズ数が大きくなりますが、探査用の小型飛行ロボットはせいぜい翼幅二メートル程度でしょうから、サイズは小さく抑えることができます。翼幅二メートル程度の飛行機が地球上で飛ぶときのレイノルズ数は高速で飛ばない限りは十万程度ですから、これを火星で飛ばせると、十分の一の一万ということになります。十分な揚力を出すために五倍の速度を与えると、レイノルズ数は五万となります。このレイノルズ数で飛ぶでしょうか？

トンボ翼は飛行ロボットの飛び方から言ってレイノルズ数二万までは十分能力を発揮しますし、それより大きくても急激に性能を落とすことはないことがわかっています［＊2］。トンボ翼機は翼に剛性を与えやすいというメリットもありますし、火星探査用トンボ型飛行ロボットは決して荒唐無稽ではないということになります。山谷のサイズを相対的に小さくすれば、レイノルズ数が多少高くてもよく飛ぶトンボ翼も考えられます。

また、最近の研究には、火星には常に強い風が吹いているという報告もあります［＊23］。そうなると外乱に強い飛行機である必要があります。十字形を持つトンボ型飛行機の外乱に対する強さはすでに述べたとおりです。トンボ翼を備えたトンボ型飛行探査機の特長が火星で生かせる可能性は大いにあります。三角翼も良いライバル足り得ますが、横風への抵抗力や姿勢回復の早さでは、少なくとも紙飛行機レベルではトンボ型トンボ翼機に一日の長があるように考えられます。

参考までに、トンボ型飛行ロボットと同じくらいの大きさと重さの三角翼RC機の製作にも挑戦しました。何とか屋外でも飛ばせるようにはなりましたが、風が強いとそれに煽られてしまい、トンボ型飛行ロボットのようにはコントロールできませんでした。調整が足りなかったのかもしれませんが、大迎え角による大抵抗のためでしょうか、同じ推進系を使いながらかなりのパワー不足を感じさせました。

4章 トンボ技術の空力装置への応用

トンボの優れた特性がほとんど知られていないとの思いから、トンボの飛行に関わる研究とトンボ型飛行ロボット開発の話にずいぶん頁を割いてしまいました。ここから、トンボの飛行技術をもう少し広く、流れを扱う装置に応用した例を紹介したいと思います。

まず、ネイチャー・テクノロジーと関係を持つきっかけとなった、トンボの技術を利用したマイクロ風車を紹介します。この開発プロセスをより一般的に拡張し、成功確率を高めるためにはどのようにすればよいかを論じたのが、5章に述べる進化アルゴリズムということになります。

さて、私は企業在籍期間中、断続的に風力発電の仕事と関わりを持ちました。最初のころは風車の可能性を信じていましたが、最後のころには現状の風力発電機では日本のエネルギーの将来を担うことはできないのではないかと感じるようになっていました。具体的に言うと、特にマイクロ風車については、価格や重さをそれぞれこれまでの十分の一に抑えなければ、経済性や取扱いの面で成立しないだろうと思うようになったのです。

私が最初に風車に関わったのは、一九七〇年代後半でした。そのころ日本でも自然エネルギーを利用しようという動きがありました。しかし、化石燃料や原子力による発電のほうが、圧倒的に安価で大量の電力を供給し得ることから、経済成長期を迎えようとする当時の日本にははるかに魅力的でした。そしてバブル期を迎えるころには、自然エネルギーの活用は早々に忘れ去られました。

風力発電に関して言えば、一九七〇年代後半を思い返すと、日本の技術レベルも低く、事業化は夢のまた夢だったように思います。そのころ、特に欧州の一部の国では、オイルショックの反省から、自然エネルギーの見直しが本気で行われました。電力供給システム全体を見直すなかで、風力発電技術の開発が進められたのです。

そして、超大型の風力発電機ならば、スケールメリットを生かして事業的にも社会ニーズに応えられる見通しが出てきました。直径五十メートル以上に及ぶ大きい風車が作れるようになり、安価に電力を供給できるようになったのです。技術者は苦労したと思いますが、風力発電技術を顧みるたびに、欧州の政策や技術に先見の明を強く感じます。デンマークでは、風力発電は一九七〇年代後半には国の総電力消費量の二%でしたが、今は三十%以上になっているそうです［文献＊24］。

日本も同じようにできないのでしょうか？　それは、簡単ではありません。全国的に広げようと思うと、山岳地帯に設置せざるを得ません。山岳地帯に直径五十メートル以上の風車を設置するには、現場までの道や作業ヤードを作るところからはじめなくてはなりません。また、平坦地に比べると局所的な強風が吹き、それに対する耐久性を考える必要があります。当然、平坦地での設置に比べはるかに

高い費用が必要になります。しかし、平坦な市街地近くに大型風車を設置しようとすると、低周波騒音が問題になります。さらに、潮風を伴う台風が通る日本では、風車の痛み方も欧米とは違いますから、メンテナンス費用も欧米に比べると割高にならざるを得ません。

平地が少なく風況の安定しない日本では、近年風力発電は洋上発電しかありえないという考え方が、大勢を占めているようです［＊25］。もっとも、洋上風車といえども、風車から伝わる回転音の魚への影響なども懸念され、実用化が保証されているわけではありません。

超大型の風車でもこんな状況ですから、スケールメリットを持たない直径数メートルのマイクロ風車の将来は、技術の進んだ現代においてもお先真っ暗です。マイクロ風車は風車の絶滅危惧種と言ってよいでしょう。マイクロ風車は誰でも参入でき、現代において進んだ技術があるにもかかわらず、なぜ実用化が困難なのでしょうか？　私に言わせれば、風車は現存する機械の中で最も厳しい環境にさらされるものだからです。

通常、機械は遭遇すると予想される最も厳しい条件に対

しても、十分な安全性を持つように設計されます。当然、風力発電機も同じです。この安全要求は厳しいものですが、ほとんどの機械は、その機械への負荷を使用者が決めることができます。都合が悪いときは使わなければよいのです。負荷を自分で決められるものは、何とか経済ラインに乗せることができます。

一方、風車は遭遇する負荷条件を自分で選ぶことはできません。設置されたら最後、そこの自然環境に耐えなくてはなりません。皮肉なことに、風力発電機はそもそも風の強いところに設置されます。普通の強風程度なら成立するかもしれませんが、日本では台風が来ます。台風が来ても、どこにも逃げ隠れできませんから、そのままで台風に耐えなければなりません。風のエネルギーを取り込むために風を受け止めやすく設計しなければならない一方、台風に耐えなければならないので、設計が大変なのです。できないことはありませんが、重くて高価なものにならざるを得ないのです。これを普通の機械のように手軽に購入できるように設計することは、何か特別な手がかりがないとほぼ不可能です。

特別な手がかりの一つが先に述べたスケールメリットの利用で、装置を巨大にすると経済性を確保できます。装置の巨大化以外に、コストパフォーマンスを良くする手がかりは考えられませんから、経済的に成立するマイクロ風車があることが不思議なくらいなのです。ネットで調べると、世界中でたくさんの独創的なマイクロ風車が提案されていることがわかります。しかし、特殊な目的のものは別にして、少なくとも私には扱いやすさと経済性の面から見て納得できるものを見つけることはできませんでした。風力発電とのかかわりがなくなった後も、長く宿題としてこのことが私の頭の中にありました。ここで諦めてしまっては技術者が廃るという思いがあったのでしょうか、いろいろ考えてはいました。

企業を去る前後でしょうか、かなりはっきりと風車のあるべき姿のようなものが見えてきました。マイクロ風車を装置として成立させるには、強風時には後ろになびきながら回転する「柳に風」のように強風をいなす羽根の軽い風車しかあり得ないと考えるようになっていったのです。しかし、これは後述のように簡単には実現できません。

その後、大学に勤務するようになってからは低速流とトンボの研究に没頭し、風車のことはすっかり忘れていました。トンボ型飛行ロボットの開発が一段落したころですが、トンボの翅の空力技術を使えばあの難問を解けるかもしれないということが、ふと頭に浮かびました。

トンボ翼が超低速で高効率であることはすでに説明したとおりですが、ジェット旅客機にトンボ翼が使われていないことからもわかるように、高速では性能が悪くなることは明らかです。高速になると空気の勢いの力が強くなるので、流れが翼の凸凹の最初の山にぶつかったときにその山に跳ねられてしまい、その後ろの流れが無茶苦茶になってしまうのです。ことによると、超低速で高性能を示し、高速になると性能を落とすような翼はトンボ翼以外には存在しないかもしれません。

流れに影響を与えるのは速度というよりもレイノルズ数（Re）というほうが正確なので、レイノルズ数に応じた、翼ごとの揚力係数のグラフを作ってみます。揚力係数というのは、揚力の大小レベルを翼の大きさや飛行速度に関係ない、次元のない数値で表したものと思ってください。揚力係数が大きいほど優れた翼と言ってよいでしょう。**図4-1**に航空機用翼、曲板翼、トンボ翼（コルゲート翼）を模式的に比較したものを示します［＊26］。

レイノルズ数が増えるに連れて性能が劣化するのはトンボ翼だけです。このレイノルズ数増に対して翼力係数が右下がりになる領域が使えれば、風車の羽根を速度増に応じてなびかせることができるのではないかと想像できます。参考までに、図には、我々の可視化水槽がカバーできる実験領域を一般的な風洞の実験領域と比較して示してあります。

このトンボ翼の特性図を見ているうちに、強風は風下側に羽根をなびかせることでいなし、しかも日常風でも作動する軽量な風車を作れそうだと気が付きました。

実は、回転中に風車をなびかせることは極めて難しいことでした。回転している風車の羽根の風下側へのなびき角は「羽根に作用する自身の遠心力」と「羽根をなびかそうとする空気力」の比で決まります。翼の特性が変わらないとすれば、遠心力も空気力も風速Vの二乗に比例しますから、この比は風速によって変わることはありません（**図**

（ある迎え角で流れに翼を置いたときの揚力特性図）

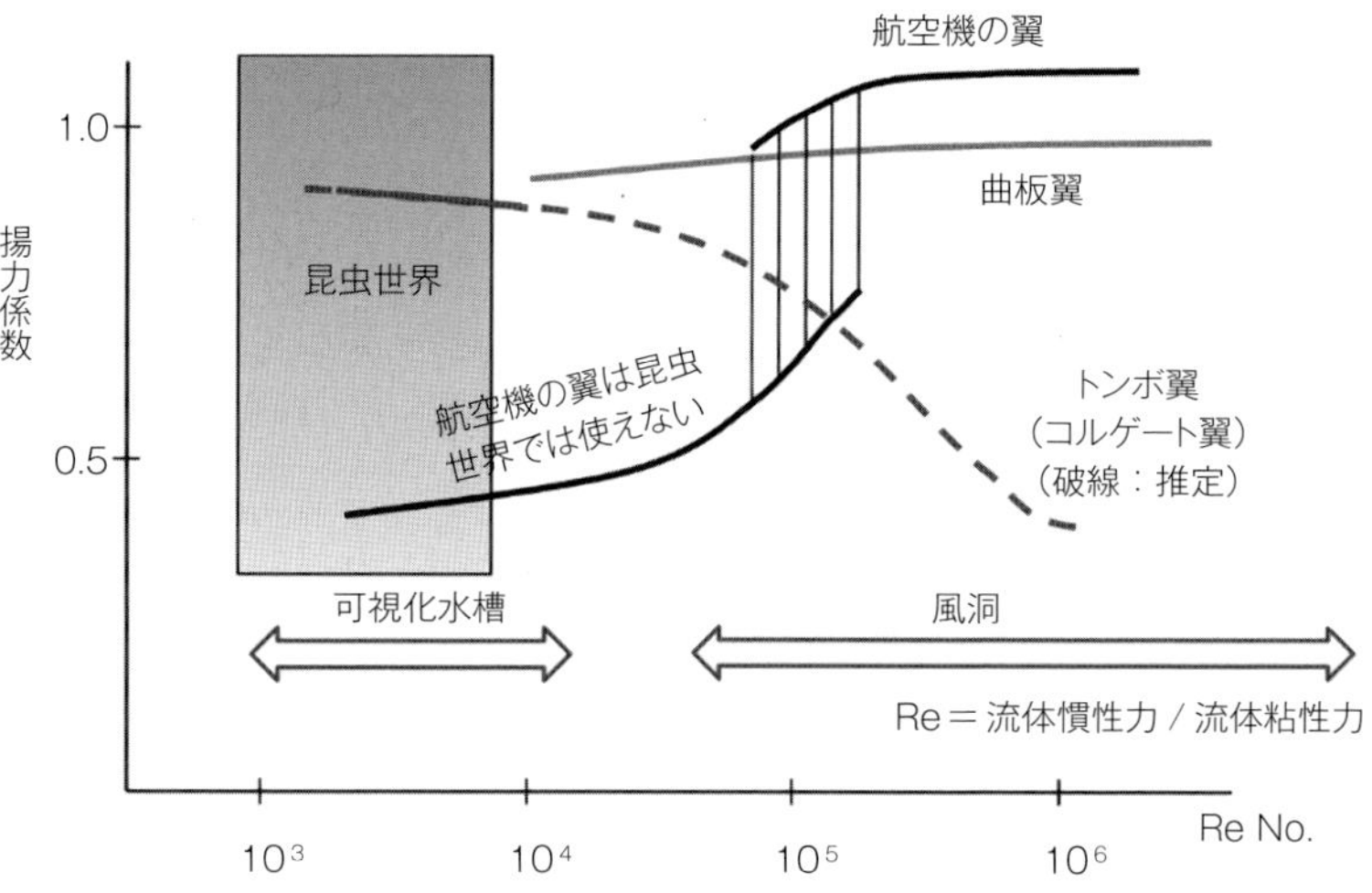

図 4-1　翼の揚力とレイノルズ数 Re の関係

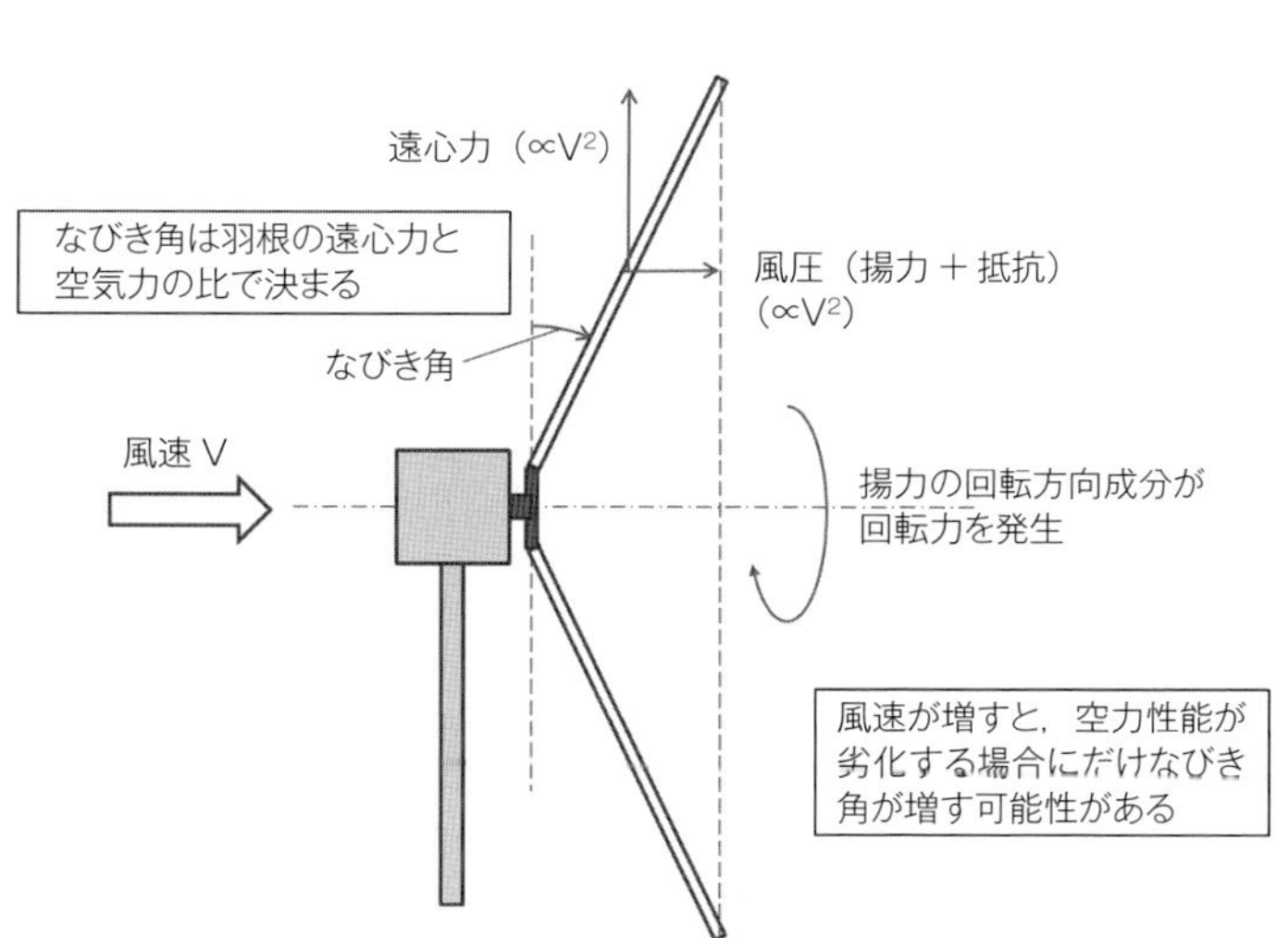

図 4-2　なびき角の説明

4-2）。

つまり普通の風車は風速が増しても回転しながらなびき角を変えることはできないのです。なびかないまま、概ね風速に比例する形で回転数だけを上げていきます。したがって、普通の翼を用いた風車で発電するためには、風車はよく回るようにしなければならない一方で、強風で回りすぎて羽根が壊れないような対策をとる必要があります。

ところがトンボ翼は風速が上がり回転数が上がると羽根の空力性能が落ちてきます。風速が上がると、羽根を回す力（揚力）が減って回転数が上がらなくなります（遠心力が増えません）。しかも羽根をなびかせる方向の力（抵抗力）が強くなりますから、強風でなびく可能性は大いにあります。なびき機能を持たない通常風車は大型の場合、羽根の取り付け角を付け根で自動的に変えて回らないようにする装置を備えています。また、マイクロ風車にはそのような高級な機構は取り付けられないので、風車回転にブレーキをかけるようになっています。それにしても、風が強くなければ大きな電力は得られませんから、できるだけ強風中の高回転に耐えるようにせざるを得ず、マイクロ風車といえども丈夫で重くせざるを得ません。

参考までに、大抵の風車（マイクロ風車を含め）は取得電力確保のため、設計風速を十二・五メートルとか十五メートルという、市街地や田畑地では滅多にお目にかからない高い値に設定しています。高風速に適した翼を使うと、風速二、三メートルの微風では回りませんから、日常風のエネルギーは上手く吸収できないことになります。

ところで、マイクロ風車は地表近くの風の乱れたところに設置せざるを得ず、風向の変化は大型風車よりはるかに頻繁です。水平軸風車の場合、風向変化によって、回転している風車の羽根は、垂直支柱周りに回転しジャイロ効果を発生します。風向変化に応じて風車が首を振るたびに、羽根が重いと大きなジャイロモーメントが発電機側の回転軸に作用するのです。これには逃げがありませんから、発電機側の軸で耐えるほかに手がありません。こんな具合に、普通の風車は発電機側も丈夫にせざるを得なくなり、ひいてはその影響は支柱の強度増・重量増にまで及んでくるというわけなのです。何が間違っているわけでもないのですが、安価で軽量な設計を許さない悪循環に陥っています。

マイクロ風車は考え方を根本的に変えない限り、実用性への活路は見いだせないような気もします。

ここで日常風でも発電し、なおかつ強風にも耐える風車の存在を示唆してくれたのがトンボでした。トンボ翼を使った風車は、微風でもよく回るはずです。上手くすれば、強風になると羽根の性能を落とす性質に生かして後方になびきながら回転を続けるという、微風専用のマイクロ風車が成立するかもしれません。これが成立すると羽根を必要以上に丈夫な材料で作る必要はなくなってきます。翼そのものも薄板を凸凹に成型するだけですから、軽量かつ安価にできるはずです。羽根がなびくと風車が受ける風圧もそれほど上がらないことになります。また、なびくトンボ翼風車は、風見機能によって首を振っても、ジャイロモーメントで動くのは個々の羽根のなびきだけですから、このモーメントが直接発電機側に入ることもありません。何となく、日常風を利用できる新しいマイクロ風車の可能性が見えてきました。

紙製トンボ翼マイクロ風車

確信があったわけではありませんが、直径二十二センチメートルの超小型の風車を数多く作って風洞で実験することにしました。なびけば紙でも台風をいなせるかもしれないし、そのくらい安価にできないのなら実用化は無理、ということで羽根をケント紙一枚で作ることにしました（以降、風車の羽根を「ブレード」と言います）。

ブレードが回転軸近くで風下方向に倒れるようにすると、風のないときは自重で倒れてしまいますから、自立できる程度の弾力性を折れ曲がり部に与える必要があります。ブレードの翼弦方向の重心位置には若干の工夫も必要でしたが、試行錯誤の末、期待していたとおり強風になっても回転したままなびく風車を作ることができました（第一号トンボ翼紙風車）。

使用した風洞は吹き出し口の辺長が四十センチメートルという小型のものですが、最大で毎秒四十メートル、時速に換算すると約一五〇キロメートルを出せるものです。第一号トンボ翼紙風車の静止状態、弱風での回転状況、強風

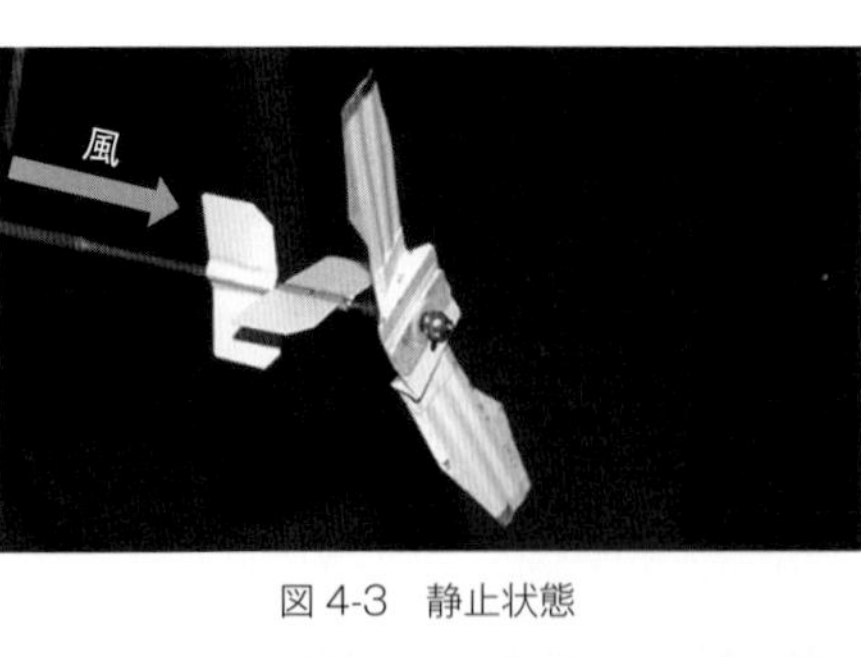

図 4-3　静止状態

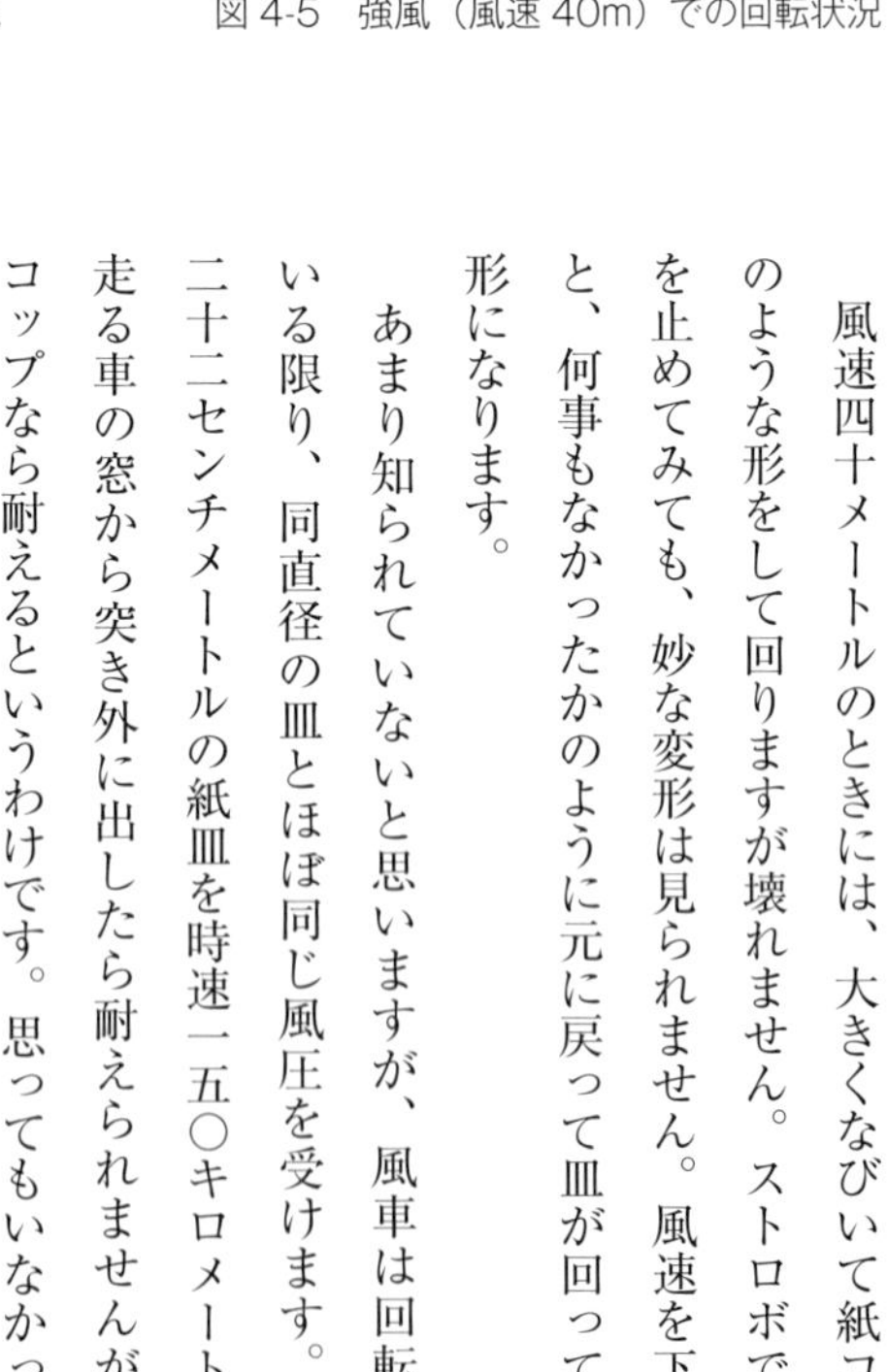

なびき角小（翼の高揚抗比示唆）

図 4-4　弱風（風速 6m）での回転状況

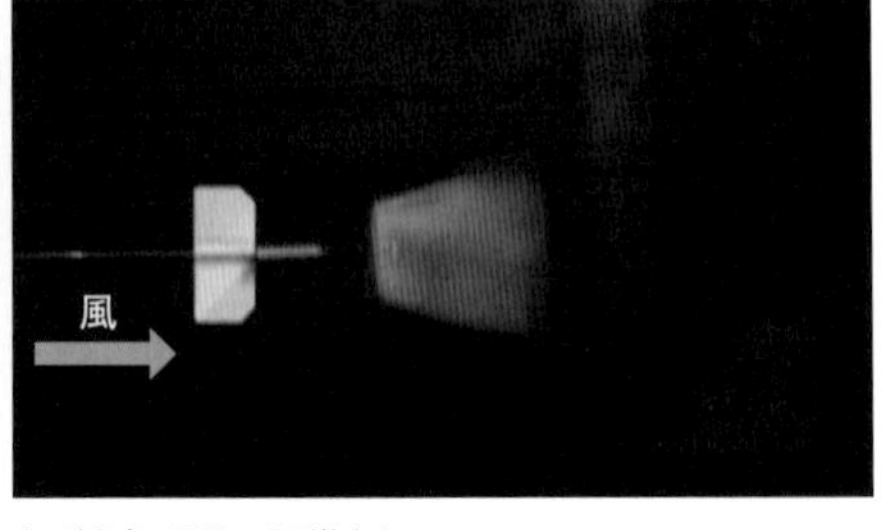

なびき角 75°，異常なし

図 4-5　強風（風速 40m）での回転状況

での回転状況を**図4‐3～4‐5**に示します。

風速四十メートルのときには、大きくなびいて紙コップのような形をして回りますが壊れません。ストロボで動きを止めてみても、妙な変形は見られません。風速を下げると、何事もなかったかのように元に戻って皿が回っている形になります。

あまり知られていないと思いますが、風車は回転している限り、同直径の皿とほぼ同じ風圧を受けます。直径二十二センチメートルの紙皿を時速一五〇キロメートルで走る車の窓から突き外に出したら耐えられませんが、紙コップなら耐えるというわけです。思ってもいなかったのですが、トンボ翼によるなびきは、回転数を制御する機能も持っていました（**図4‐6**）。

風速十メートルぐらい以上では、少しオーバーシュートはしますが、回転数が概ね一定に抑えられています。まるで、特別な回転数制御装置を付けているかのようです。この性質は風車を発電機として使う場合に大きなメリットになります。特別な制御をかけなくとも、発電機の過回転焼損を心配しなくて済むのです。予想外に上手くいきました。

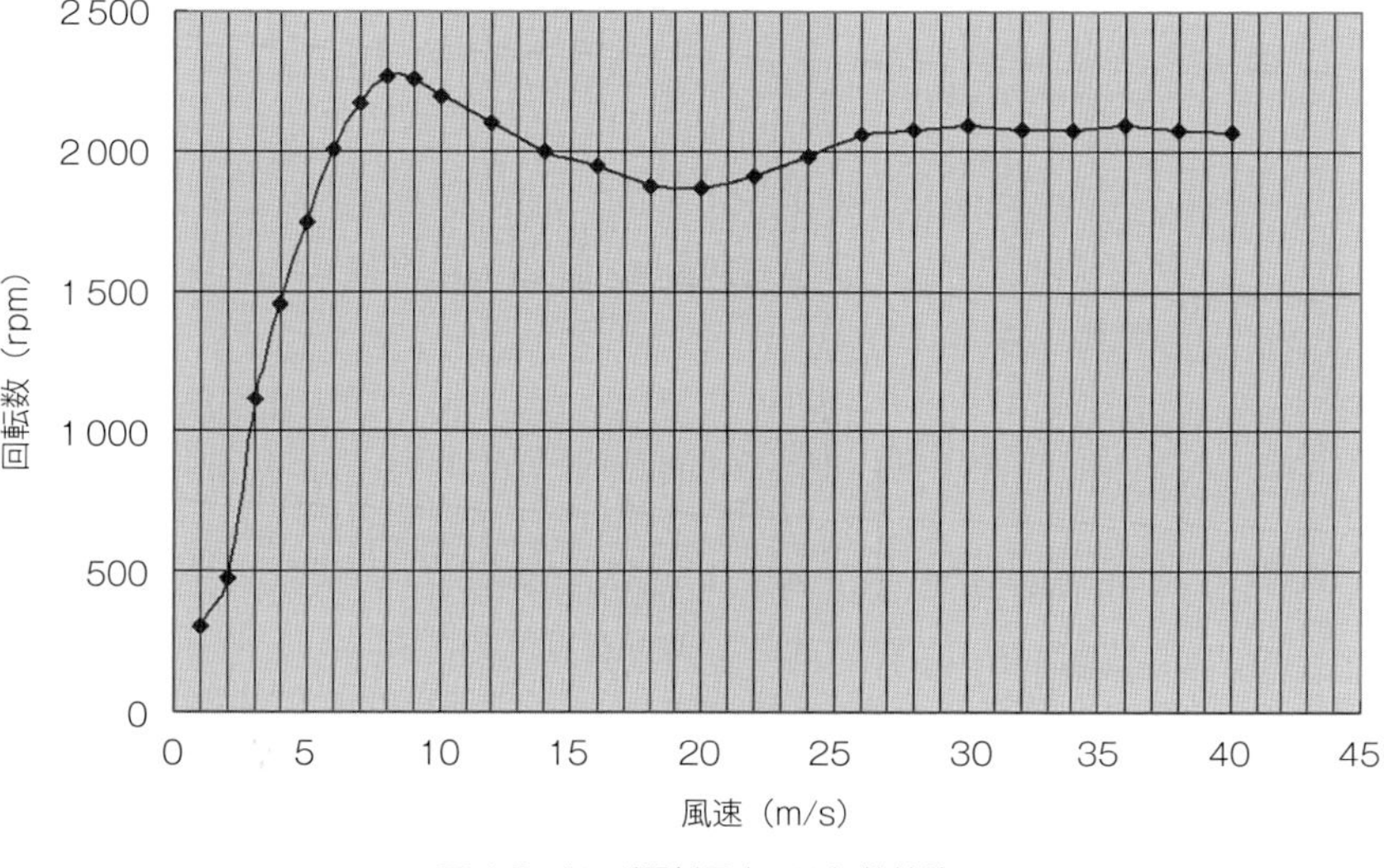

図 4-6　トンボ翼紙風車の回転数特性

しかし、直径二十二センチメートルではさすがに小さすぎて玩具以外の用途が見つかりません。そこで、直径五十センチメートルの風車を次の目標にしました。

同じ紙製でも、直径を約二倍にするだけで、変形の仕方が随分変わります。だいぶてこずりましたが、学生たちの頑張りで、これも風速四十メートルの中で上手くなびかせることに成功しました。そのときの様子を**図4-7**に示します。

風車は簡単に作れるので、誰でも一度は研究してみたいと思う対象ですが、実は誰もが途中で研究を止めたくなる問題を含んでいます。それは、回転中に羽根が飛ぶと非常に危険で、安易な実験を許さないことです。プラスチック製のブレードを持った直径五十センチメートルの風車が遠心力で壊れた話を聞いたことがありますが、風速十五メートルで飛んだときに飛散した羽根は防護用の鉄板に突きささったそうです。紙製ブレードの良いところは、実験の際の危険が少ないこともあります。先の風洞実験では学生が風車のすぐ近くに立っています。通常の風車実験ではありえないことなのです。

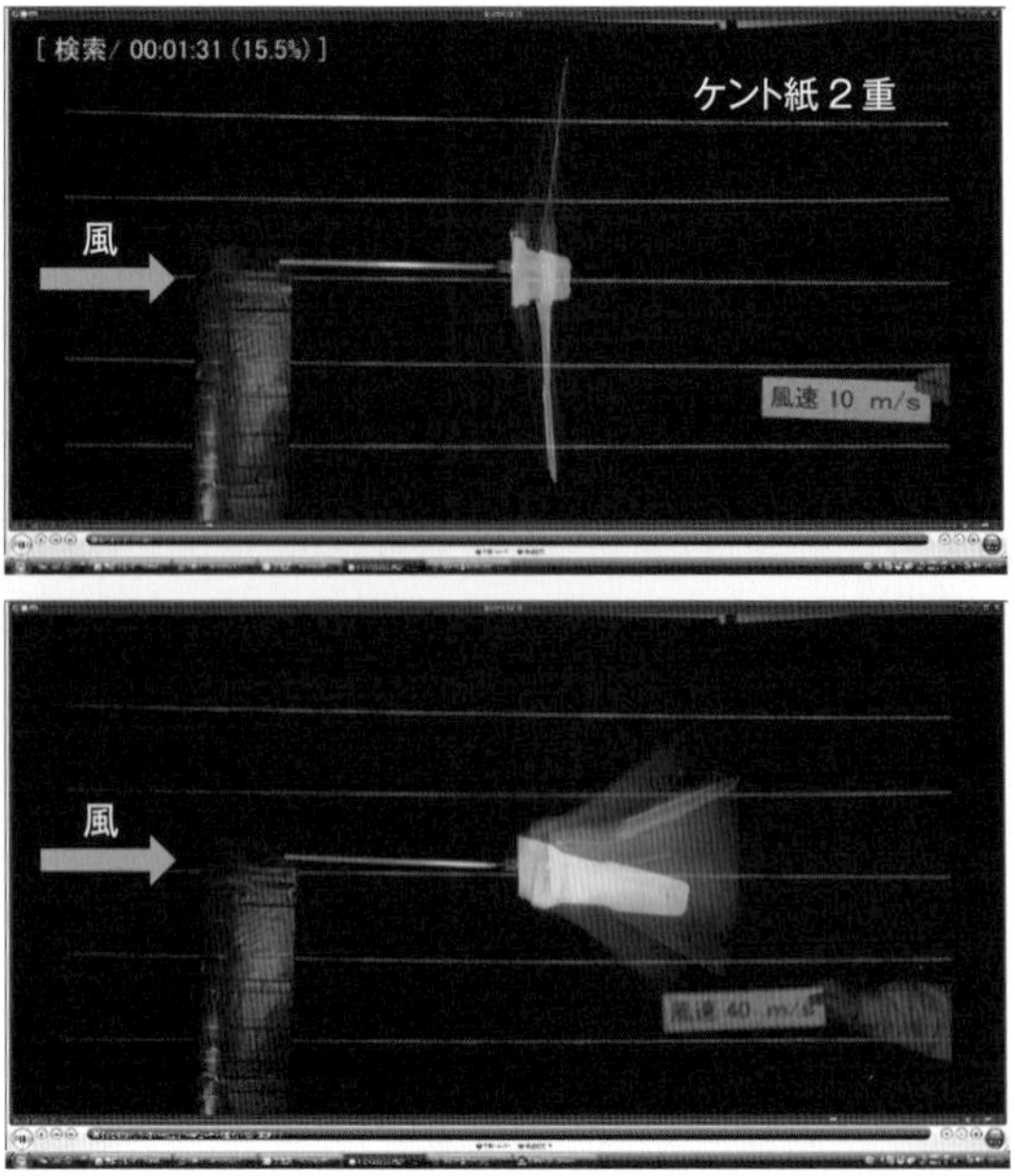

図 4-7　紙風車（直径 50cm）耐風実験

直径五十センチメートルでもいけそうだという感触が得られました。このころから、この風車を「マイクロ・エコ風車」と言うようになりました。もっとも、ブレードの材料として紙を使用することには限界があります。誰も雨のときどうするのかと問います。自分も紙では加工精度に問題があって、良い性能を確保するのが難しいことが気になってきました。

PET製トンボ翼マイクロ風車

紙は環境に優しく、紙風車をマイクロ・エコ風車と名づけた手前もあって、素材として使いたいが、性能を定量的に評価するには必ずしも適切でなく、次の対策が必要でした。紙製のブレードの代替としては、PET製のブレードが良さそうだということになりました。

このPETはペットボトルのペットで極めて安価に入手できます。普通、高回転をする風車ブレードの材料としてPETに思いつくことはないでしょうが、紙からスタートするとPETは簡単に思いつきます。実際PETは再利用可能ということを除いても、エコ風車に合っています。単なる飲料容器として使うのにはもったいないくらい強度が高いのです。また、強度に比べて加工まで含めたコストが安く、実用化を考えたときには極めて魅力的です。大学の既存装置で簡単に正確なブレードが成型できた点も研究を進めるうえで助かりました。

ところで、大変形を前提にしたトンボ風車の設計は簡単ではありません。従来の風車設計の延長線上にはない非線

風速 25m/s

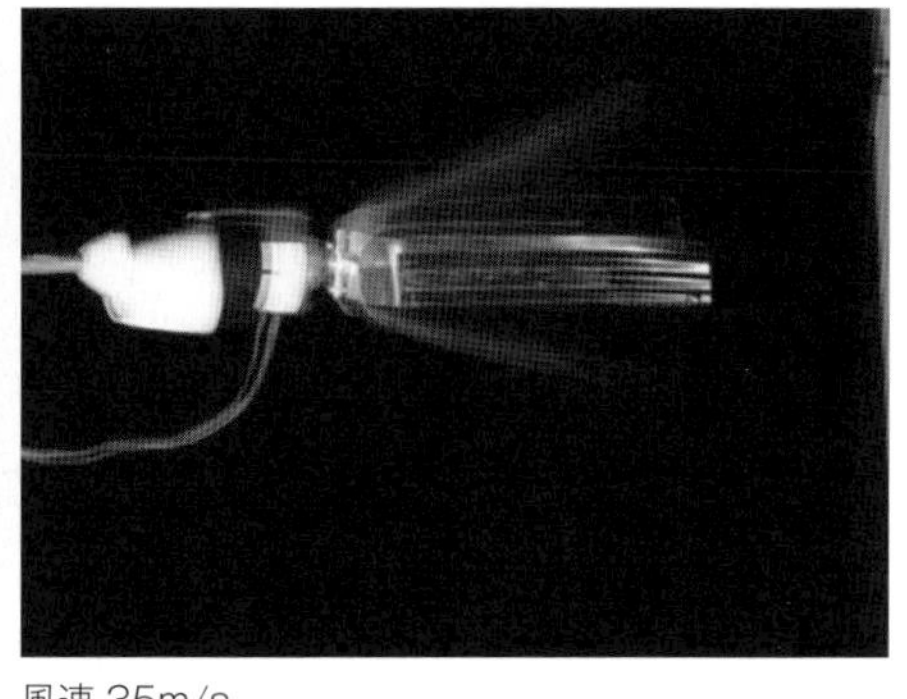
風速 35m/s

図 4-8　PET ブレード（直径 50cm）のなびき方

形性のかたまりで、通常の工学的アプローチである、事前に解析的に性能を予想してから実物を作って性能を評価する、という方法は採れません。しかし、小型で簡単な構造を持つ装置なら、実際に「もの」を作って実験して問題点を合理的に改善していくことを繰り返すことで、この弱点を補えます。比較的低温で真空成型できるPETブレードは学生でも容易に作れますし、紙よりは格段に精度や耐久性も上がりますので見通しは明るそうです。紙と同じように強風でなびくことも確認できたので先に進めることにしました（**図4-8**）。

風車つくりをはじめるとすぐさま、トンボ翼風車に合った発電機がないという課題にぶつかりました。安価な直流モーターでは回転をはじめるときの回転抵抗が大きくて微風ではとても回りません。トンボ翼風車は低速で性能が良いものですから、低風速から発電をして欲しいというのが当初からの狙いでもあったので困りました。

幸いなことに、直径五十センチメートルのトンボ翼風車に直接つないでも、微風で回ってくれる発電機を試作してくれるところが見つかりました。価格は高いのですが、風車が回転をはじめるときの抵抗トルクがない交流発電機です。毎秒〇・五メートルという超微風でも確実に回って、ミリワットのオーダーから発電を開始します。「コアレス発電機」といって、あまりニーズがありませんからほとんど作られていないタイプの発電機です。普通の発電機は回線の中の鉄芯（コア）が磁石と引き合い、コギングトルクという回転抵抗を出しますから、弱い起動トルクでは回転せず発電をしてくれないのです。これもマイクロ風車による日常風利用を妨げる要因になっていると考えられます。

この段階で、LEDを付けた直径四十センチメートルの試作PET製ブレード風車の耐候実験に取りかかりました。まだ、しっかりとした空力設計を施していないブレードでしたがよく回りました。学科棟の裏にある六十メートル角の駐車場の端に設置して放置しましたが（**図4-9**）、半年経って最初に異常を示したのは耐候処理を施さなかった発電機で、ブレードは特に異常を示しませんでした。

心配された紫外線によるPETの劣化も、見た感じでは現れていませんでした。その後、別の日当たりが良く、風の強いところでブレードだけの耐候実験を行いました

図 4-9　PET 製第 1 次耐候実験風車（直径 40cm）

が、しかるべき設計をすれば二年間は十分もつことがわかりました。長期間もつといっても、従来の機械が持つ耐候期間を当てはめるのは感心しません。年単位でブレードを交換するのが健全に思えます。PET製ブレードは安価に作れますから、部品交換の負担は極めて小さいのです。

安価なシステムの宿命である短寿命という問題に対処することができます。

ところで、気象庁の調べでは日本の多くの場所での平均風速は二～四メートルの間となっています（**図4-10**）。それにも関わらず、ほとんどすべての風車はエネルギーを求めて十五メートルぐらいの風速を基準として設計されています。微風では貧弱な性能しか出せない高速向き翼を使わざるを得ませんし、その上に発電機のコギングトルクが重なって風速三メートルぐらいでは満足に回りません。これでは日常風をエネルギーに変えることはできません。

もっとも、既存風車にも言い分があります。簡単な計算から、風速二・五メートルの風のエネルギーを毎日一年かけて貯め続けるよりも、ほとんど止まっていても風速十五メートルの日に一日だけ回るほうが年間の取得エネルギー量としては大きいことがわかります。これが毎秒十五メートルぐらいを風車の設計風速にしていることの根拠なのでしょう。この辺を少し整理してみたいと思います。

風の利用の仕方は二つ考えられます。一つは風速には関係なく、年間で最大の電力を得るように設計すべきだとい

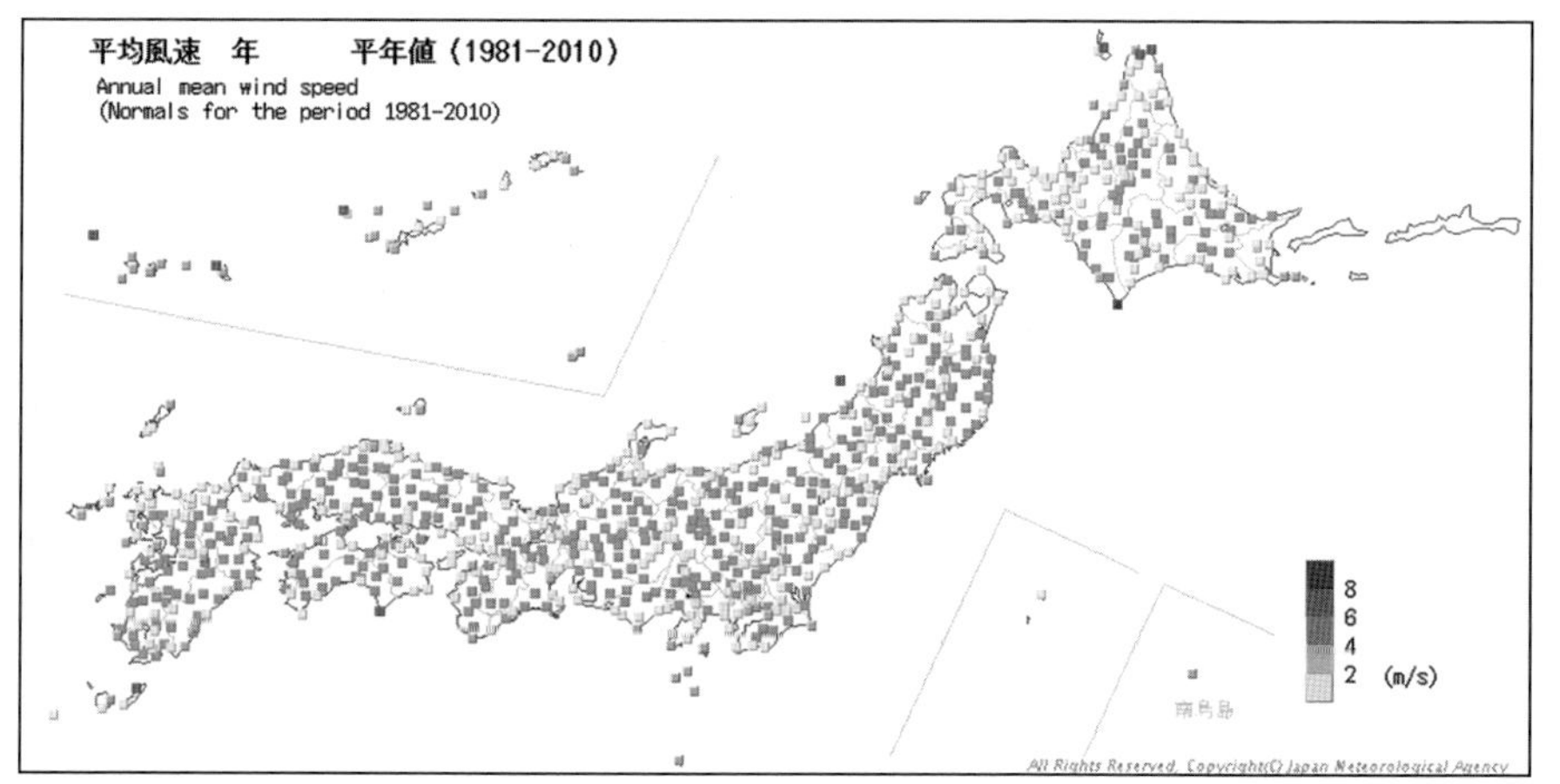

気象庁データを改変（色分けされた図は気象庁ホームページで確認できます）

図4-10　日本の風況

う考え方です。もう一つは、毎日の風のエネルギーをこまめに回収し、それを毎日活用する使い方が大切だという考え方です。これまでの風車は前者の考え方で設計されていたわけです。年に数度の風を効率良くとらえようというわけですが、毎日少しでよいから自由に使える電力が欲しい、という場合には装置が仰々しくなります。

ここで、これまで重視されていなかった小エネルギーを毎日のようにこまめに取得することの意義を考えてみましょう。最近の通信技術とＭＥＭＳ（Micro Electro Mechanical Systems）技術の進歩によって、我々はスマートフォンやタブレットを広く使えるようになりました。また、我々の利用できる情報はインターネットを通じて格段に広がりました。しかし、多くの人がスマートフォンやタブレットの充電に悩まされています。こまめな充電が簡単にできるとなると一段と便利になることは疑いありません。少し欲を出して、情報の交換を人と離れた場所とで行うことを考えてみましょう。離れた場所には電線を引くことが困難ですから、これは簡単には実現できません。超小型で場所を取らず、しかも超低価格の日常風向き風力発電

機が実現できるとなると、スマートフォンなどとリンクさせることで、人と離れたところとの情報の交換がいつでもできます。この場合問題になるのは、取得電力の大きさよりも、遠隔地での常時小電力供給性であることは明らかです。情報化の進んだ現代では、日常風のエネルギーをこまめに回収できることにも意味がありそうです。

これからは、ますます情報化の時代です。農林水産業も科学やデータの裏づけをもって進化させなくてはなりません。田畑の環境情報を現地に行かなくとも、くまなく毎日のように取得でき、水バルブの切換えぐらいは遠隔操作できるようになると、農業のあり方も大きく異なってくると考えられます。風速や気温や日射量や湿度や土壌養分量のデータを分析できれば、農耕作業が楽になるだけでなく、科学的に対処できるようになり、効率も飛躍的に向上することでしょう。だんだん夢が膨らんできます。

日常風から日常生活を改善する電気エネルギーを取得することは意味があると考え、トンボ翼風車の可能性をもう少し追求してみようということになりました。ブレードがＰＥＴボトルのように安価にできるとなると、問題は風

車ブレードとしてどのようなトンボ翼型を選び、その性能をどのように確保するか、ということになります。

環境変化の影響を受けにくい風車の設計

いくらトンボはすごいと言っても、世界が違いますからそのままで我々が使えるわけではありません。例えば、トンボの翅断面は複雑で決して作りやすい翼型とは言えません。そこで、可視化水槽実験を用いて、作りやすくしかも性能の良い翼型を探ることにしました。

可視化実験だけからも作りやすくて性能も良さそうで、しかも失速特性の良い翼型を求めることは可能です。前に紹介したNBU-1翼を基準に、さまざまな凸凹翼を作った結果、作りやすくてなおかつトンボの凸凹翼に遜色のない流れを示す翼型が得られました（**図4-11**）。

しかし本格的な風車の設計をしようと考えると、断面形が決まっただけではだめで、風車ブレードの空力特性が必要になってきます。最低限、迎え角ごとの揚力と抗力データが必要です。しかし、我々が良いと思った翼型に関する

空力特性データは存在しませんでした。そこで、微速で流れる水槽中に置いた模型に作用する天秤の開発に乗り出しました。この開発には数年を要したのですが、極めて遅い流れの中に置かれた翼に発生する揚力と抗力と回転モーメントを測れる三分力天秤ができ上がりました（**図4-12**、

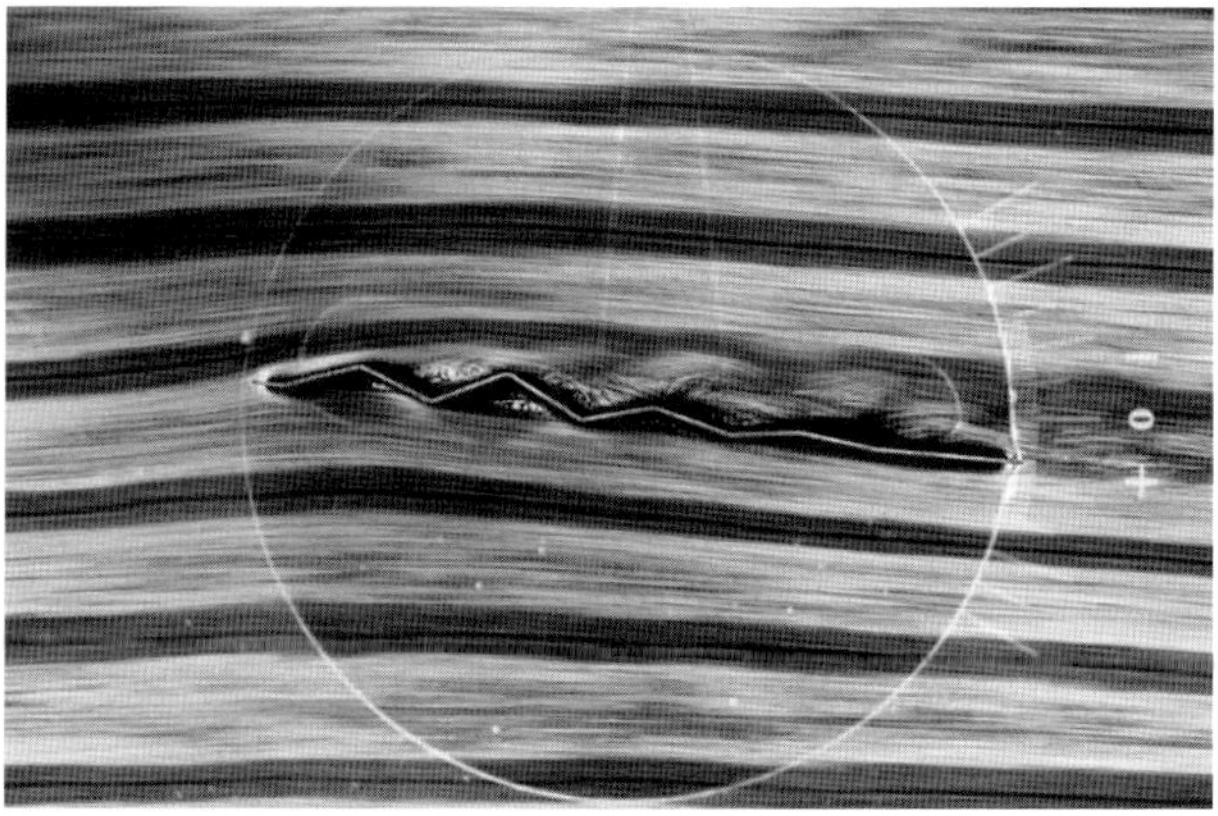

Re=7 000

図 4-11　NBU 標準トンボ翼

4-13）。

最小検知力が〇・〇五グラム以下という敏感なものですから、周囲の車通りが絶える深夜しか実験できませんでした。これには学生たちに頑張ってもらうほか解決の方法はありませんでしたが、彼らは頑張ってくれました。加速実験で紹介した曲板翼とギンヤンマ前翅の空力特性データを**図4-14**に［＊27］我々の選んだトンボ翼（**図4-11**）の空力特性データを**図4-15**に示します。

レイノルズ数が少し違いますが、揚抗比だけ（C_L/C_D）でいえば、曲板翼が一番優れ、次に我々のトンボ翼、ギンヤンマの前翅の順になります。流れの実験から予想されていましたが、トンボ翼が低風速で良いといっても、速度安定性を問題にしなければ、極端な低速でなければ曲板翼のほうが優れていたのです。

ただ、曲板翼は風速によって空力特性を変えませんから（**図4-1**）、微風でも強風でも良い性能をだす唯一と言ってよい翼なのですが、大きくなびかせることはできません（ブレードに生じるねじれによって部分的に失速させることで、少しなびかせることはできます）。トンボ翼が風速

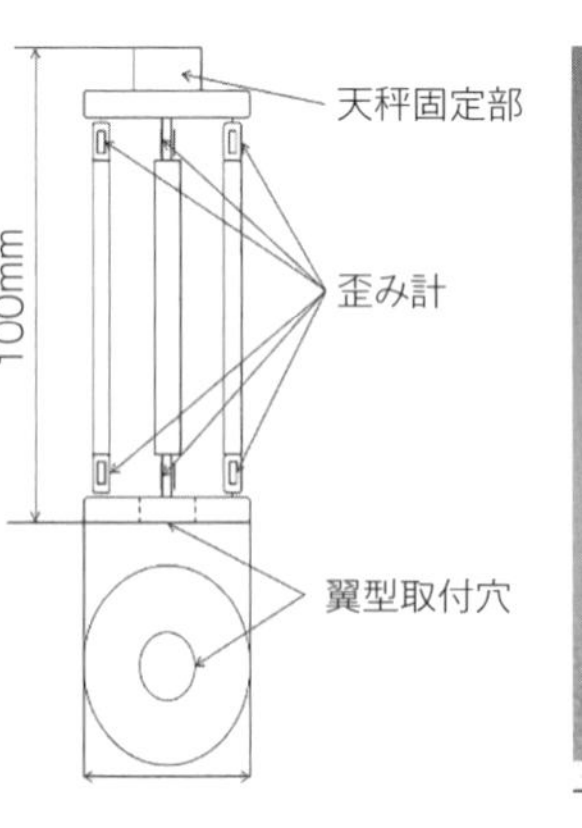

図 4-12　微流速用三分力天秤

図 4-13　模型を取り付けた微流速用三分力天秤

を上げるにつれて性能を劣化させることは、空気の勢いの力が強いことと翼の凸凹形状を考えるとほぼ明らかです。また、強風で回転しながらなびくことはトンボ翼を用いた紙風車で実証済です。トンボ翼でもそう悪くはない風車が作れそうだという見通しが得られました。

具体的な風車の設計については、風車設計の基本を論じたテキスト［*28］をベースに簡便な設計を施すことにしました。風車は運動量理論と翼素理論を組み合わせてブレードを設計します。運動量理論は風車に流れ込む流速を風車回転によって回転面で減速することによってエネルギーを吸収するとき、最良の減速率が三分の一であることを教えてくれます。実は、風車は神様が作っても、減速率三分の一で得られる五十九・三％のエネルギー以上を風から吸収することはできません。この効率限界を「ベッツの限界」

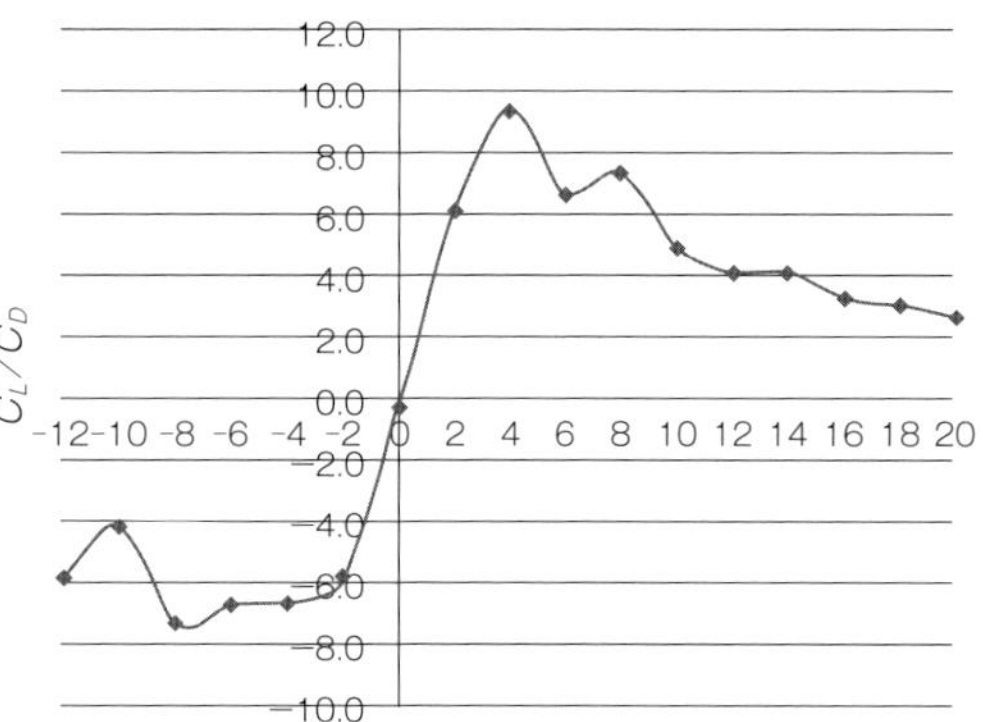

ギンヤンマ前翅 75%コードデータ

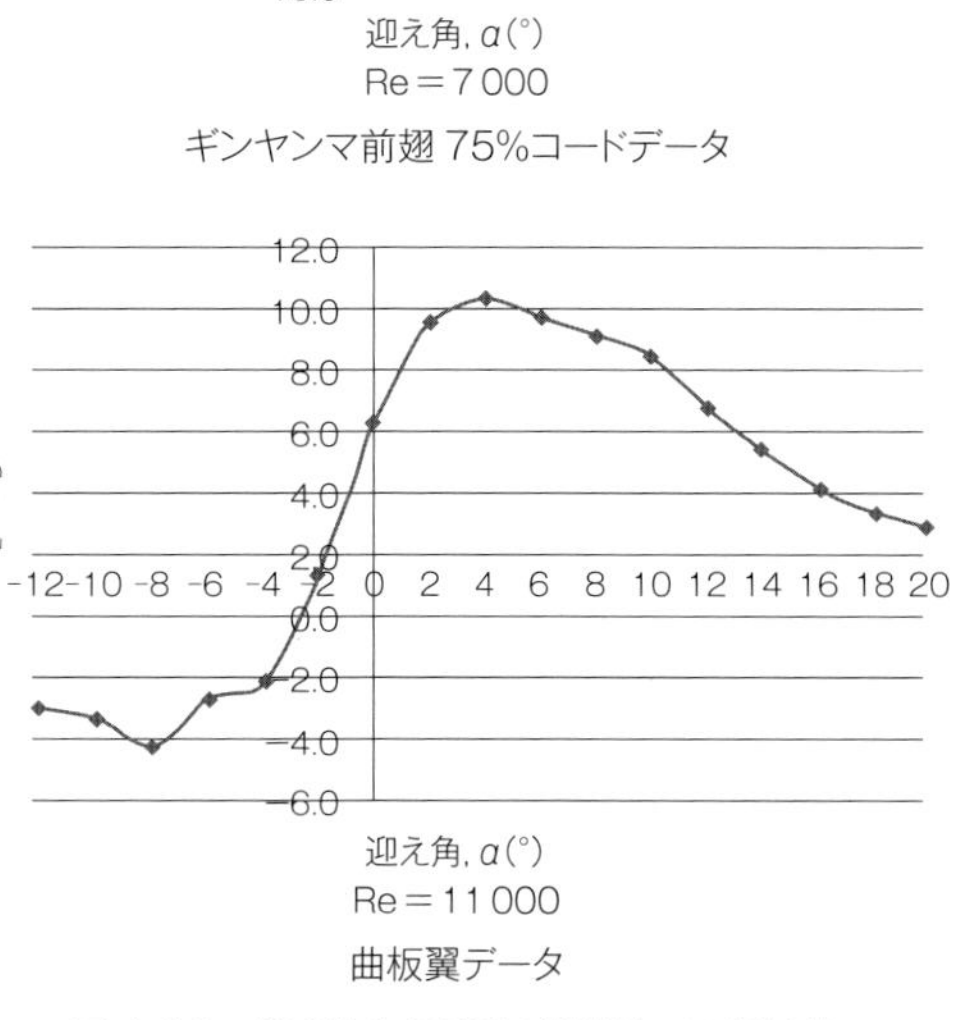

曲板翼データ

図 4-14　微流速向き翼型の微流速での揚抗比

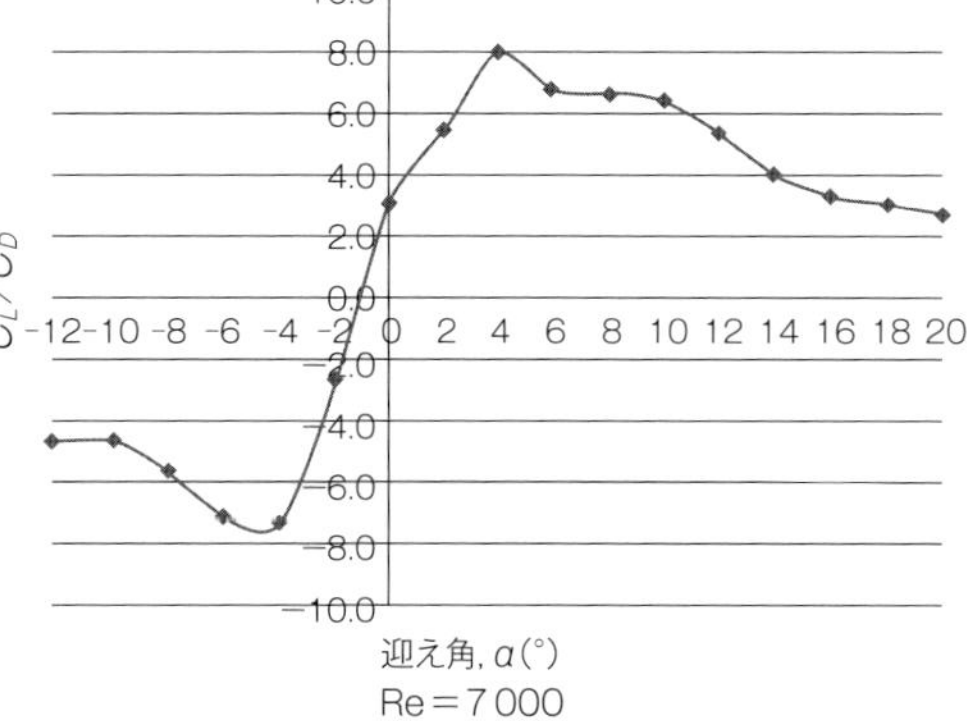

図 4-15　NBU 標準トンボ翼の微流速での揚抗比

と言います。流れのエネルギーを一〇〇%吸収するためには、その流れを止める必要がありますが、そうするとその後の流れが続きませんから、一〇〇%吸収し続けることは無理なのです。巨大風車では四十五%を超す効率が得られているようですが、マイクロ風車になると色々の面で効率を低下させる要因が増し、三十%も電気出力に変換できれば上出来とされているようです。

風車設計では、この最適効率を与える回転面における流速とブレードの迎え角を翼素理論で結びつけて、翼の形を決めていきます。直径、ブレードの翼型、ソリディティ、さらには風速に対する風車周速の比などを決めると最終的にそれぞれのブレード半径におけるブレードの弦長とねじり角が決まります。「ソリディティ」とは、ブレードが作る回転面積に対する、風方向から見たブレードの面積の比を表します。また、風速を風車周速で除した値を「流入比率」と言います。

設計を進めているうちに、少し気になることがでてきました。普通は翼の揚抗比が最良になるように選ぶことです。揚抗比最良という条件で得られる性能は、最良効率を与える流入比率、すなわち流入比率がある値でだけ実現できるということになります。それ以外の流入比率では性能が保証できないのです。これには違和感を覚えました。屋外では風は常に変化していますから、風車は風の変動に対して応答の遅れを生じた状況で回っていると考えられ、流入比率は変動すると考えたほうが現実的だからです。設計点の流入比率から外れると性能の保証ができないのは困ります。そもそも運動量理論は最適な流れの減速比を指示しているだけで、減速をさせるにあたっては別に最良揚抗比を選ぶ必要はないのでは、という気持ちが強くなりました。揚抗比は当面無視して、流入比率が変わっても流れの減速率が一定であるということを条件に加えたほうが現実的ではないかと思ったわけです。

いろいろ考えているうちに、たまたま取得翼型データを使ってソリディティσとブレードのねじり角θを乗じた$\sigma\theta$をある値に保った計算をしたら面白いことがわかりました。広い流入比率にわたって減速比が概ね三分の一にキープできるのです。これが全半径で成立すれば大変なことですが、さすがに世の中そう都合よくはいかず、半径が小さくなると迎え角が増し失速してしまいます。

そこで、性能上重要な、翼端から四分の三半径まではこの$\sigma\theta$一定理論に従い、それより内側では通常の設計に従うことにしてみました。そのように設計した風車の平面図が**図4-16**になります。

実際にそのように設計した直径五十センチメートルの風

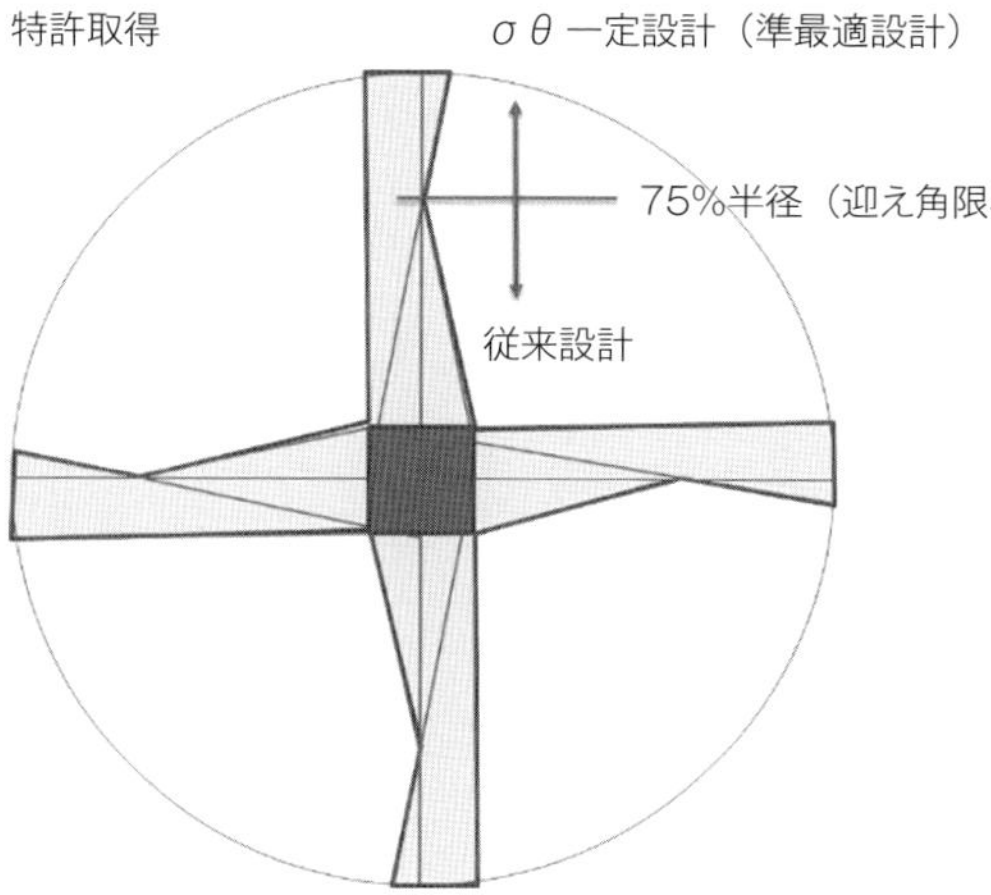

図4-16　マイクロ・エコ風車の平面形状イメージ

車を作って吹き出し口辺長一メートルの大学保有の大型風洞で実験すると、風が変動しない条件下でも予想以上の性能が得られました。**図4-17**は風のエネルギーに対する出力電気の比すなわち発電効率を示したものです。

風速一メートルという超低速でも超小型風車としては限界とも思える三十%近くの発電効率を示すケースが得られ

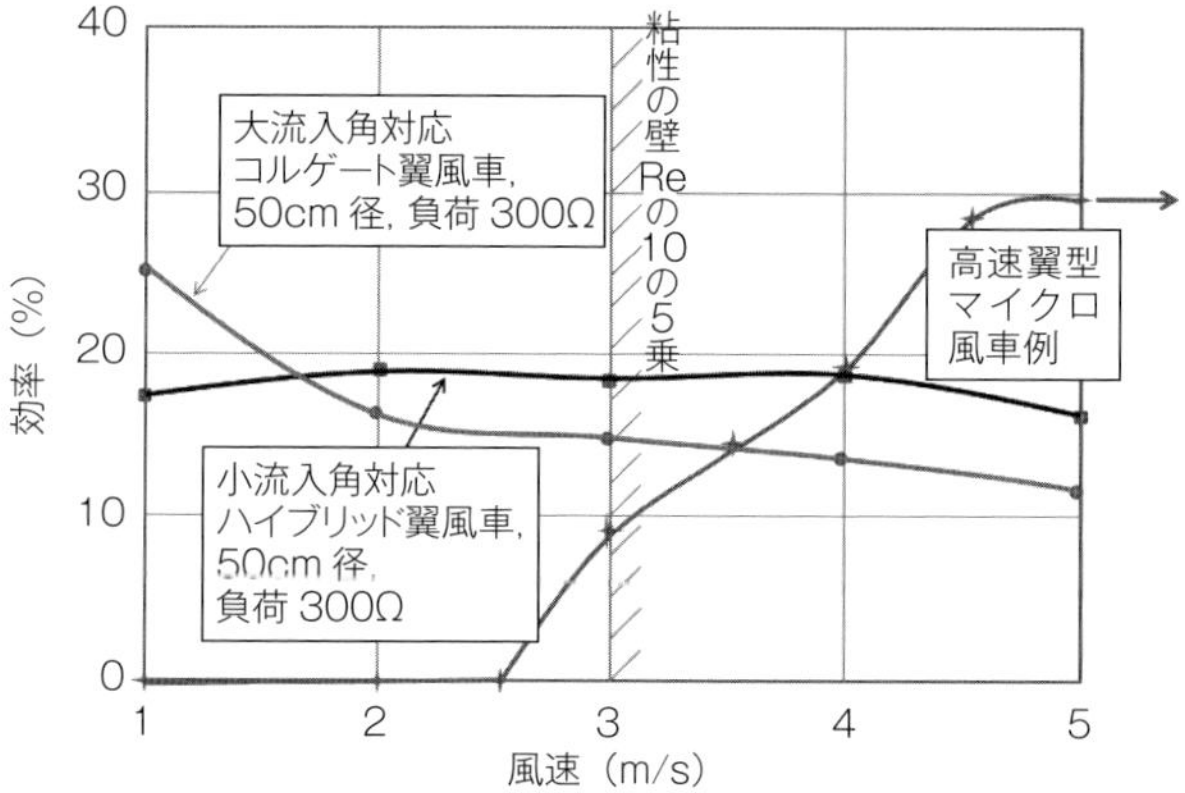

図4-17　各種ブレードの効率比較

ました。トンボ翼は低速では高効率ですが、風速増加とともに効率を落とす様子が見て取れます。翼端部分の断面さけを曲板翼にしたハイブリッド型はこの傾向が改善されますが、それでも風速五メートルになると効率を落としはじめます。もっとも、このハイブリッド型ならば日常風に限れば、そのエネルギーを安定して吸収できると考えられるので、翼型についてはこれ以上いじらないことにしました。参考までに、ブレードをあまり薄くするとねじり剛性が不足して変形するためか、発電効率が落ちることもわかりました。

図4-18は風車ブレードにかかる発電機からの回転負荷を変えたときの出力と効率を示します。

予想どおり、負荷を変えても効率がほとんど変わりませんから、動的な屋外環境でも性能が落ちる心配がなさそうです。負荷を変えると風車ブレードにかかるトルクは重くなったり軽くなったりしますから、同じ風速でも回転数をかなり変え、先ほどの流入比率が変わります。この風車は、そのような変化に対してほとんど性能を劣化させることがないのです。環境変化の影響を受けにくいという意味で「ロバスト風車」と名づけることにしました（**図4-19**）。

風の変化に対して風車に応答遅れが生じても性能を維持できるということは特にマイクロ風車にとって重要な性能目標であると考えられます。なびく風車とロバスト風車は、どちらも大学特許になっています。

この時期、風車ブレードの強度や耐候性に実験的検討を

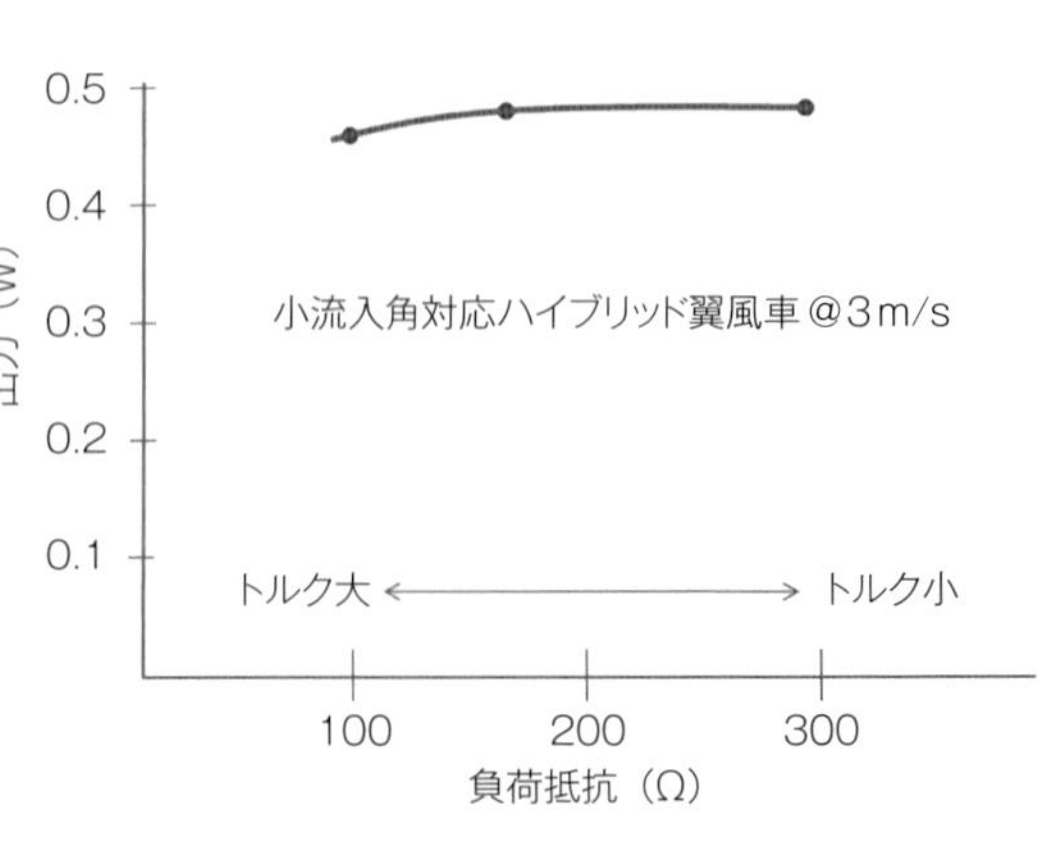

図4-18　マイクロ・エコ設計風車の性能特性

図 4-19　ロバスト設計されたトンボ風車（直径 50cm）

図 4-20　ブレードの耐候実験（4 支柱に別構造ブレードをつけ比較）

加えました（**図 4 - 20**）。また、学生たちの設計・製作能力も向上し、水槽実験で得られた翼型に風車設計を施した各種のブレードを比較的簡単に作れるようになりました（**図 4 - 21**）。

概ね、基本的技術課題がクリアできたところで、直径五十センチメートルの二連式風車に、検討済の耐候性向上

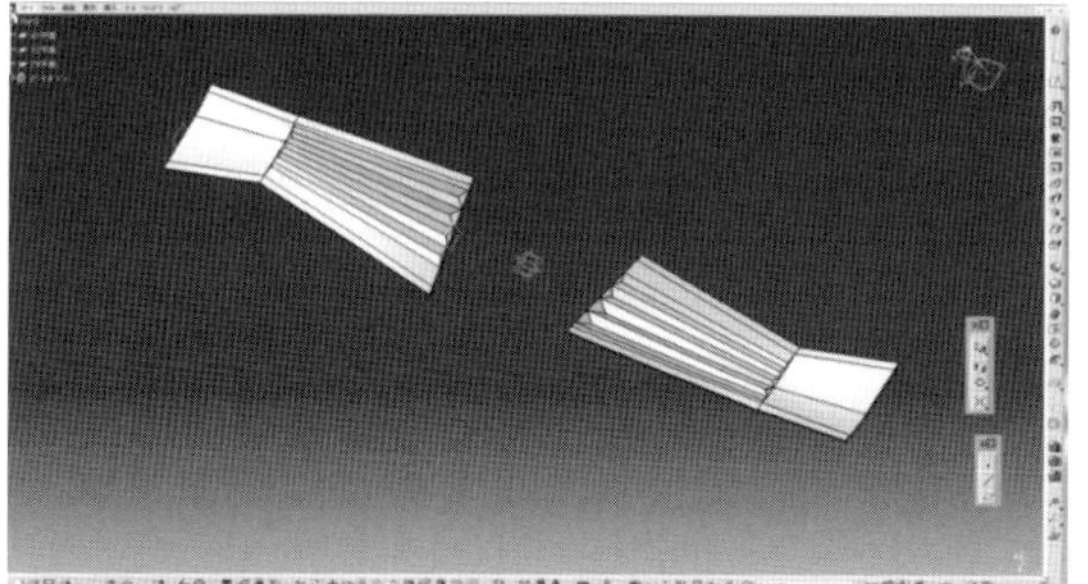

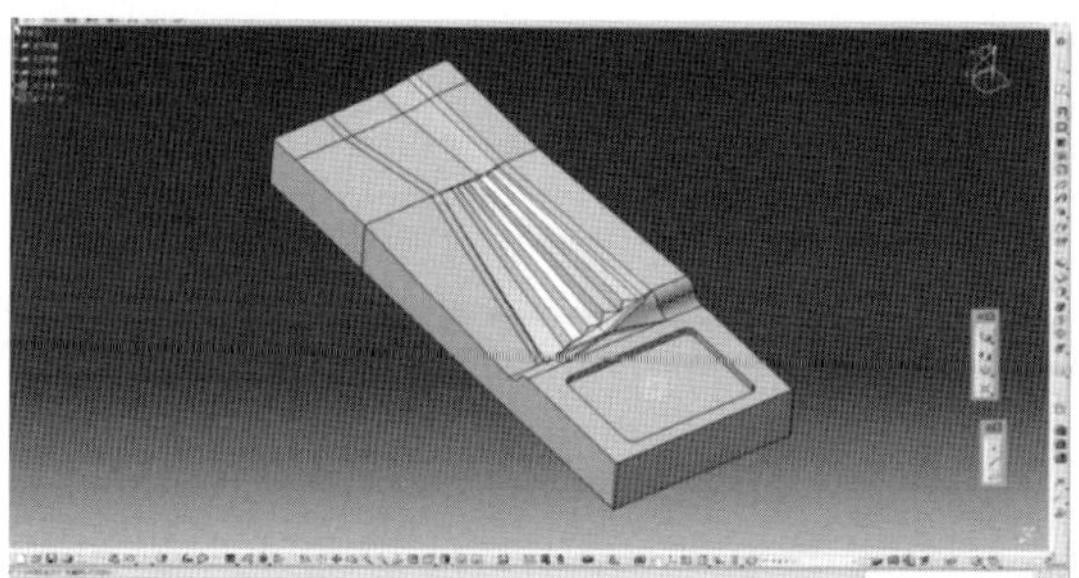

図 4-21　3 次元 CAD によるブレード図面と型図面

の工夫を加え、屋外に設置することにしました。そこでの技術的課題は耐候性と実際に得られる電力に実用性があるかどうかとなります。耐候性については、間近に観察したいため、比較的風が弱いところに置かざるを得なかったので、まだ確認は不十分です。もっとも、約半年間の屋外設置ですが問題は起こしませんでした（**図4-22**）。

一方、電力については、風車面積の小ささと風の弱いところに置いたことが重なって出力不足が問題として浮上してきました。二連式にしても滅多にワットオーダーの出力を出してくれません。これでは、LEDといえども日常風では十分光りません。高価な発電機の能力をフルに発揮することができていないのです。

マイクロ・エコ風車の実用化に向けて

五十センチメートル径マイクロ・エコ風車の目途が立ったころ、学内にマイクロ・エコ風車用の環境情報取得・発信装置や関連電装システムの設計を、学生に指導してくれる研究協力者が現れ、それらの研究も進められるようになりました。学生も頑張ってくれて、どこにいてもスマホで風車のさらされている環境情報を見ることのできる装置を完成させ、取得電力についても遠方から簡易に計測できるようになりました。これでマイクロ・エコ風車が情報の玉手箱になることを期待したのですが、情報取得・発信能力を欲張ったせいもあって、五十センチメートル径では風車

図4-22　2連式マイクロ・エコ風車（直径50cm）の第2次耐候実験

側の電力が明らかに不足していました。

電力アップへの出口はないのかと思っていたとき、ブレードが相似形状ならばサイズに関わらず、周速が概ね同じになることに気づきました。周速が変わらなければ、サイズを倍にしても同じ風速ならレイノルズ数はせいぜい倍です。レイノルズ数がサイズに比例する程度なら、構造が成り立てば大型もあり得ることになります。そこで、嫌っていたギアの効率ロス受け入れて、増速ギアを備えた直径一メートルの新しいマイクロ・エコ風車の設計に取りかかることにしました。その結果、なびきによって性能が頭打ちになる風速は半分くらいに下がりますが、何とか上手く行く範囲と考えられました。

マイクロ・エコ風車にせよロバスト風車にせよ、その設計は、効率の良い領域が広く存在するという無次元の条件だけを使っていて、具体的次元が現れてきませんから、風車の直径ごとに新しく設計し直す必要がありません。要するに、相似形を保って作りさえすれば、一定の風速範囲で良い性能を示すはずなのです。実際、これまでの経験をブレード設計に反映した新しい一メートル径風車を作ってみると、気にしていたギアによる効率低下がほとんど感じられず予想以上によく回ります。直径五十センチメートルのときには、発電機軸がブレードを直接支えていたのですが、今度は風車の回転軸を金属構造でしっかり支持し、ブレードの回転トルクだけを発電機に伝える方式を採ることができます。このために、増速ギアを付けても全体としての効率がそれほど落ちなかったのかもしれません（機械設計の難しいところです）。

一方で、この一メートル径風車はコスト低減に関わる大幅な進展を与えてくれました。この風車に使った発電機は五十センチメートル径風車に用いられているものと同じコアレス発電機です。五十センチメートル径風車だと同じ回転面積にするのに四個使わなければならないものが、一個で済むわけですから、四分の一にコストダウンできたことになります。出力的にも日常風なら、無駄なく発電機の能力をフルに発揮できそうです。風車と発電機のマッチングは難しいものですが、何とかクリアできたように思います。ギアもこのサイズなら樹脂製で十分です。通常は最も高価になるブレードも、安価な厚さ一ミリメートルのＰＥＴ

薄板を樹脂製の型に被せ、一〇〇度前後に加熱し、型側を真空で引いてやるだけで作ることができます。したがって、一メートル径風車も五十センチメートル径風車同様極めて簡単に安く作れます。

こうなると正確な発電効率が気になってきますが、大学が保有する低速風洞の吹き出し口は一辺一メートルで、直径一メートルの風車を実験するには小さくて無理があります。ギアなどの効率への影響は野外試験で評価しよう、ということで計画を先に進めることにしました。ここで、ほとんど知られていない風車の風見特性について話しておきます。

我々のマイクロ・エコ風車はブレードがなびいても支柱に干渉しないよう、風車の回転面を垂直支柱に対して風下側に置いています。このような方式を「ダウンウインド方式」と言います。ダウンウインド方式は風圧中心がブレード回転面の中心にあって、風車の風見回転の中心となる垂直支柱とは距離をもっているので、常に風見安定性を示すものと思われています。

ところが実際に実験してみると、常に思うような風見安定性を示すとは言えないことがわかりました。よほど回転面を支柱の後方にもっていかないと、ブレード回転面が風に対して支柱よりも前に出たまま風に向かって安定してしまう角度範囲があるのです。これでは翼を裏返して使うことになるだけでなく、ブレードのなびきが支柱に干渉してブレードが壊れてしまいますから、風況が急速に変わる環境下では使いものになりません。何らかの風見安定性を向上させる対策が必要です。

五十センチメートル径風車を二個横に連ねた方式では、風車の間に風見用矢羽根付きの細いブームを設けました（**図4-19**）。しかし、一メートル径風車にこの方式を適用すると大掛かりになってしまうので、風車単体に風見機能を与える必要があります。これに関しては、風車の後方にブレードとともに回転する発泡材でできた円柱を取り付けることで対処することにしました（**図4-23**）。

風車後流はねじれていて、強風時には風見の矢羽根に悪影響を与えますから、その強度の心配をしなければなりませんが、回転軸後方に筒を置くだけならば、その心配は不要です。マイクロ・エコ風車はそれ自体かなり軽量である

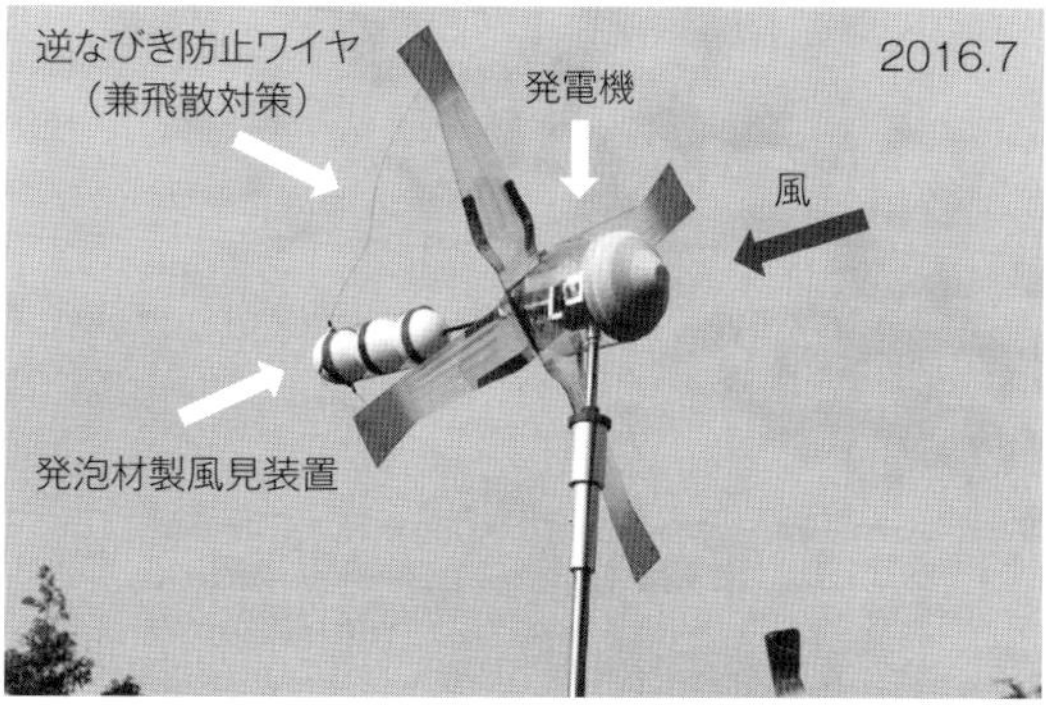

だけでなく、なびくことで強風時の風圧も下げられるため、同径の風車より支柱をコンパクトにできます。細かい技術的問題はもちろんありましたが、最終的に全体が軽量でスマートになりました（**図4-24**）。ちなみに、逆なびき防止用のワイヤはブレードが折れても飛散を防止する役割も持っています。

野外実験では、直径四十ミリメートルの比較的細い金属

2016.7
逆なびき防止ワイヤ
（兼飛散対策）
発電機
風
発泡材製風見装置

図 4-23　マイクロ・エコ風車（直径 1m）

パイプの先に風車本体を取り付け、回転軸高さを三メートルから四メートルにしました。結果、当たり前ですが、地表よりも高い風速が得られるようになりました。地表では風があるなと感じる程度でも、家庭用の防犯ＬＥＤが煌々と点灯します。風の流れる場所ならば、見ている時間の七、八割ぐらいは点灯しています。五十センチメートル径風車とは違い、これなら情報取得・発信に十分使えそうだと、

・高さ 4m までは，支柱に吊線支持不要
・支柱高さ 4m までは，1 人で根元から倒せるのでメンテナンスが容易

図 4-24　マイクロ・エコ風車（直径 1m）の屋外設置状況

意を強くしました。

仮に平均一ワットの電力が二十四時間得られるとすると、計で二十四ワットアワーの電力が得られることになります。これは二十四ワットの電力が一時間使えるということですから、ノートパソコンなら一時間以上使えることになります。これが実現すれば、環境情報を取得・発信したり、近くの施設にある切り替えバルブを動かしたりすることができます。適宜カメラをリモコンで動かして周囲の様子を撮影し、インターネット経由で世界中に発信したりすることも夢ではありません。

現在、この一メートル径マイクロ・エコ風車に合った環境情報取得・発信システムを開発中ですが、風車が一足早くできたのでＬＥＤ負荷をつけた風車部だけの野外耐候実験を開始しました。風見安定性に関係して何度か問題は出ましたが何とか解決でき、現時点では順調に稼働しています。最初の屋外性能実験の結果を**図４‐25**に示します。

ごらんのとおり、風速三メートルでは良くて一ワットの発電でした。効率でいうと大甘にみて風のエネルギーの十％しか電気にできなかったことになります。風洞では風

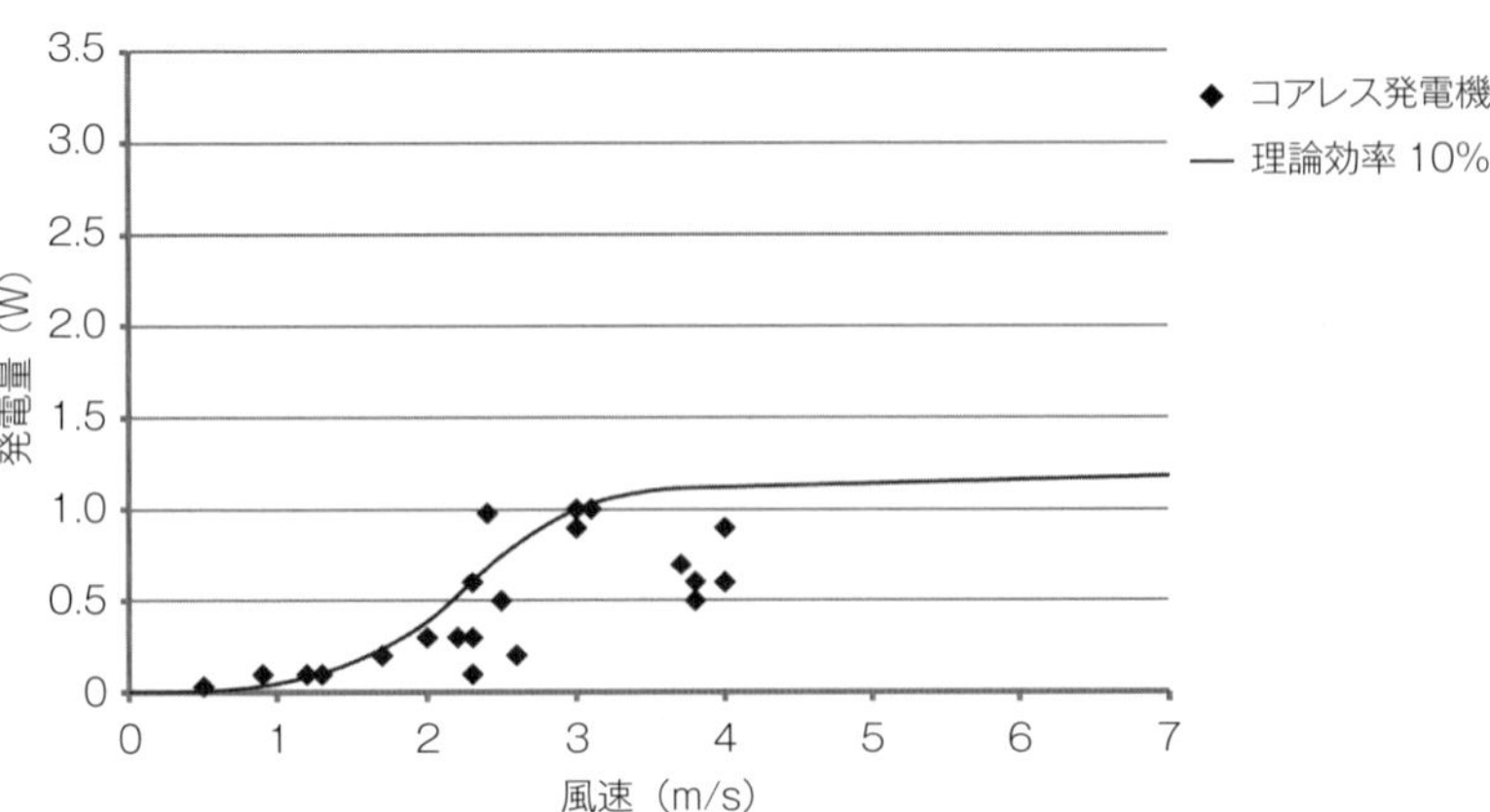

図 4-25　マイクロ・エコ風車（直径 1m）の第 1 次屋外性能実験

のエネルギーの二十%近くは取得できたのですが、現実の風は風速と方向の変化を伴い、風車には応答の遅れが生じます。その結果、どうしても風洞実験に比べて性能が落ちますから、第一回目の実験としては上出来かなと思われます。芳しくなかった大きな原因が、試作発電機の性能のバラツキにあるという根拠があったので、かねて狙っていた安定性能を示す新しい発電機を付けた風車に挑戦することにしました。

発電機にはコアレス式でなく安価なコア付量産モーター（ステッピングモーター）を使用しました。実はほかの実験で、コアレス発電機よりも量産モーターのほうが、実装状態でははるかに良い発電効率を示すことがわかっていたのです。コギングトルクがありますから、微風で回るかどうかが大きな問題になりますが、これが風速二メートル以下から回ってくれればかなり実用に近づきます。二年ほど前、五十センチメートル径風車を開発しているときに同じ量産モーターでトライした際は、直結式でも風速三メートルを超えないと回りはじめませんでしたから、発電機と風車のマッチングは難しいものです。

このモーターは、軸を手で回そうとしても固くてなかなか回らないレベルのトルクを示します。風車になるとこれに増速ギアが加わってさらに重くなりますから、ブレードを回そうとした学生は皆、微風では絶対に回らないと言いました。あまり気にせず、五十センチメートル径風車の四個分のトルクに期待して挑戦を続けることにしました。風のエネルギーは風速の三乗に比例することから、風速一メートルでは取得エネルギーは風速二メートルのときの八分の一という小さなものにしかなりません。日本の平均風速を考慮に入れると、風速二～四メートルで発電できればよく、特殊な目的以外一メートル程度の微風でブレードが回る必要もないし発電する必要もないと割り切ったのです。

この風車を組み立てて、手に持って速足で歩くと、それだけで回りました。このくらいのブレードと発電機のサイズ比率だと、コギングトルクを問題にせず微風からでも回りはじめました。やってみなければわからなかったことですが、これは大きな価値を生みそうです。なぜなら、このモーターは一〇〇〇円で入手できるのです。屋外での再実験結果を**図4‐26**に示します。

かなりばらついていますが、想定どおり初回実験時よりも出力が上がりました。グラフには毎秒〇・二メートルでも発電をしているデータがありますが、これは止まっている風車に毎秒〇・二メートルの風が当たれば回りはじめることを意味しているわけではありません。風車は一度回りはじめると空気の力が上手く働いて回り続けようとします。また、風車回転面に入る正確な風速が図れないことや手書き記録の時間遅れなどの影響なども考えなくてはなりません。

その後、何度も観察したところ、このマイクロ・エコ風車は風速一・五メートル強の風が吹けば止まっていた状態から発電を開始することがわかりました。そして、回りはじめると風速が一・〇メートルまで下がっても発電を続けることもわかりました。肝心の性能ですが、実験データはばらついているものの、おおよそ風速二メートルで一ワット弱、風速三メートルで一・五ワットぐらいの発電能力と言えそうです。改良の余地はたくさんあるので、手を加えれば、平均風速二メートルで一ワットの出力は可能でしょ

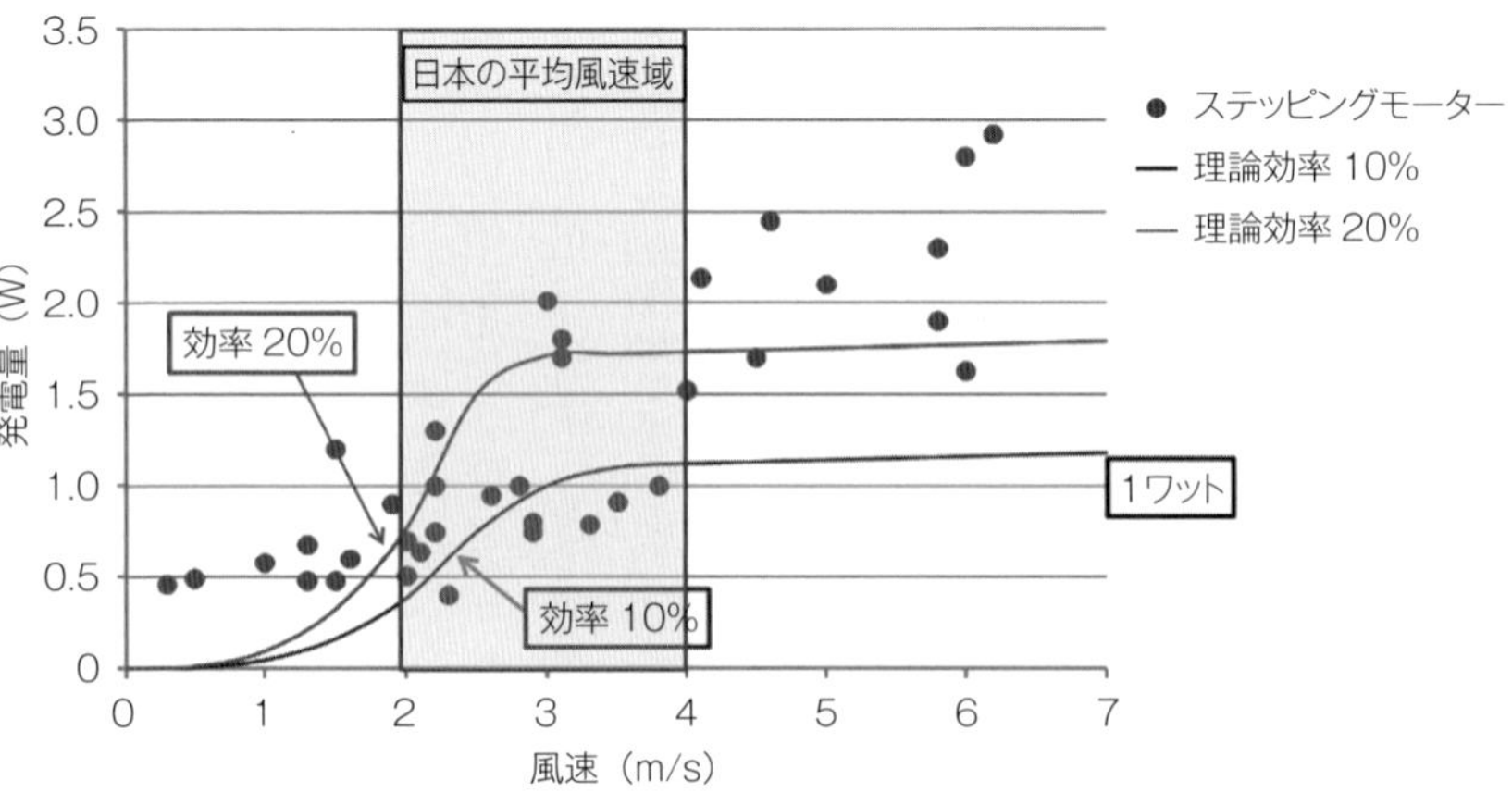

図 4-26　マイクロ・エコ風車（直径 1m）の第 2 次屋外性能実験

う。

一定風速では少し苦しい数値ですが、風速が一定でなくばらつくときには、エネルギーは風速の三乗則に従って得られるので、得られるものは平均風速相当より高めになります。気象庁データと照らし合わせると、このマイクロ風車を使えば日本のほぼ全域で一日二十四ワットアワーの電力が得られることになるでしょう。電力的には微々たるものですが、微風速用のマイクロ風車としては効率的に悪くありませんし、安価に作れそうなことから、従来なかったマイクロ風力発電機と言ってよいでしょう。

この風車が二〜三万円で入手可能になれば、筆者が密かに夢見ていたベランダ風車に近づきます。念のため価格を試算してみました。風車本体の部品材料費に、ブレードや機構部すべての加工と組み立てにかかった時間費用（一流企業なみの工賃レートを想定）を加え、風車の支柱を除いた試作費用を弾きました。結果は、二十万円強でした（垂直支柱は除きます）。組み立て品を量産する場合、工賃の高い日本で作ったとしても試作費の十分の一に下げることは可能でしょう。高くても二万円程度で風車本体が入手できそうです。

絶滅寸前のマイクロ風車は、トンボの知恵を採り入れることで、情報取得・通信用などの新しいポジションを社会で獲得できそうです。設計上は風速二・五メートル付近からなびきの影響で性能が伸びないようになっていますので、この結果は上々とも言えます。

参考までに、本来、風車の出力カーブは風速の三乗に比例しますが、図中の推定カーブが途中から頭を打っているのはなびきの影響を加えたからです。ブレード付け部の板厚を上げることで、この頭打ち傾向の現れる風速を上げることは可能です。気象情報、観光情報、農林水産業などに関わる環境情報の取得・発信装置との常時リンクが楽しみです。風車と情報取得・発信装置を組み合わせれば、従来方式によりも情報の密度を桁違いに上げられそうです。

五十センチメートル径の風車は、コアレス発電機を用いれば、風速〇・五メートルの微風速から風速十メートルぐらいまでの風速計としても使えます。風向も簡単にわかりますから、これを一メートル径の風車あるいは太陽光パネルと組み合わせることで小さな気象台になり得ます。

以上、それほど風の強くないところでも、一メートル径のロバスト式のマイクロ・エコ風車を用いれば、安価に常時一ワット以上の電力が得られそうなことがわかりました。試作品であるゆえにリファインされていないところが多々あるわけですが、今のところ実用化を阻害する根本的な難点は見いだせません。

この風車システムは安価なので、適切に配置することで、遠隔地の環境情報をきめ細かく取得・管理できます。また、マイクロ・エコ風車は太陽光発電の苦手とする夜間にも対応でき、装置が貴重な土地をつぶしてしまう心配もありません。また、太陽光発電との併用も十分考えられます。配電網のない地域を多く持つ国々の「夜でも子供たちが学習できるよう電灯を点らせたい」という願いをかなえることができるのです。

このように、かなり画期的と思われる風車の姿が見えはじめました。しかし、自然は厳しいものですから、性能が確認できたからといって喜んでばかりはいられません。この先も実用化に向けて、なすべきことは山積みです。

強風で結合部にゆるみが出ないかとか、妙な振動や音が生じないかとか、取扱い上、注意すべきことは何かとか、台風のときのビル風に耐えるかとか、十分な耐久性があるかとか、幾らでも課題が出てきます。さらに性能ももう少し上げたいところです。

この一メートル径マイクロ・エコ風車が真の実用性を獲得するにはまだ相応の時間を要すると考えられます。今、ようやく次世代のマイクロ風車の原型が得られたというところでしょうか。

太陽光パネルの標準的な重さは一平方メートルあたり約十キログラムと言われています。この風車は約〇・八平方メートルの回転面積を持っていますが、支柱を除くと約四キログラムですから、重さの面でも太陽光パネルに十分対抗できることがうかがえます。

定められた場所に設置され、気ままな風を相手に仕事をするのは大変なことなのです。しかし完成すれば、その軽さと安さは大きな魅力になると考えられます。

ここまで来たら、もっと大きくできないか、と言われそうですが、そう簡単ではありません。直径二メートルの風車でも作ろうと思えばできますが、一メートル径風車が持つ取扱いやすさを失ってしまいますので、今すぐチャレンジする気にはなりません。高さ四メートルの本体を持つ風車でも直径が一メートルのものならば、一人で支柱ごと倒せ、容易に取外しと取付けができます。

もちろん、発電だけでなく用途開発も進める必要があります。トンボの技術から生まれた全く新しいマイクロ風車はようやく実用性を論じられるレベルに達したのかなと考えているところです。最後に、夢の風力発電帆船の想像図を**図4-27**に示します。使えなくなった自動車用二次電池を活用して、電気を釣りに行こうという案です。

図4-27　風力発電帆船イメージ

夢はともかく、私が我が意を得たりと思ったのは、この風車を見て心が休まると言ってくれた人が何人もおられたことです。ブレードの色はほぼ自由にできますし、透明性を残すこともできますから、新緑や紅葉の光の透過や反射に似て自然の風景になじみます。

広がるトンボ翼の応用

これまで述べてきたトンボの翅の応用は、滑空から出発したためすべて受動的な使い方でした。トンボの翅は羽ばたき用にも使われているので、当然風を起こす装置への応用が考えられてしかるべきでしょう。幾つかの研究が一段落して、能動的な応用にもチャレンジしたくなりました。

もっとも、これには注意が必要です。トンボ翼は強い流れを作り出すことはできません。用途に光明が見いだせなければあまり意味がありませんから、これまでは消極的でした。

しかし、あるときシーリングファンに思い当りました。天井に取り付けて、室内の空気の循環を促進しようという装置です。飲食店などで時々見掛けますが、インテリア以外の有意性を感じたことはありませんでした。下にいても風を感じないし、強風にするとうるさくてたまりません。ことによると、これにトンボの翅が使えるかもしれません。効率よく風を吹き下せてオフィス内の上下温度差を解消できれば、夏冬の省エネにかなり貢献するように思います。また、シーリングファンに限定せず、トンボの空力技術のパッシブな応用だけでなくアクティブな応用もできないでしょうか。考えてみれば、扇風機もきめ細かい性能を持ちつつあるようですから、そこへの応用も考えられます。また、パッシブな応用面でも空気中だけでなく水中でも使えないか実際に確認したくなりました。以下、この両面からアプローチした結果をお話ししたいと思います。

小型プロペラの設計

プロペラは風車ブレードと一見似ていますが、考えてみればねじれ方が全く異なり、風車ブレードをそのまま使うことはできません。また、設計も難しいものです。ちゃんとした設計をするためには相応の技術の蓄積が必要で、経験のない者にすぐ設計せよと言っても無理です。また、作ることも大変で、よほど強い目的意識と資金、さらには時間がなければ、大学で作ることはできないと言ってよいでしょう。

ただ、トンボ翼を考えると、普通のプロペラに比べ作り方と使われ方に違うところがあります。設計さえできれば、扇風機サイズなら学生たちだけでＰＥＴ板を用いて作ることもできます。ここで、我々でも見通しを立てる程度のトンボ翼プロペラを作れないかと思い、その用途を考えてみました。

トンボ翼の実用化を考えるとほとんどの場合プロペラ面は静止の状態が想定されます。扇風機やシーリングファンと同じで自分は止まっていて周りにゆっくりとした、比較的大面積の流れを生むことが最初に考えられる用途です。この条件を使うと、ヘリコプターのホバリング理論を使った設計ができそうです。

調べると簡単なものなら翼型の空力データさえあれば設計できることがわかりました。幸い、レイノルズ数の低いときのトンボ翼の空力データは水槽を使って取得済みです。それを基に、パワーに関わらず推力を最大にするプロペラと推力に対する消費エネルギー最大を狙ったプロペラを設計して学生たちに作ってもらいました（**図4-28**）。

これらを効率型と推力型ということにします。水槽で実験してみると、推力型は自身の推力でなびいてしまい、結果的に大きな推力を出せませんでしたが、効率型のほうは概ね満足できる結果を示しました（**図4-29**）。

狙いとしては、静止流体中において回しさえすれば比較的高効率で低速流れを発生するプロペラということになります。ちなみに、試作効率型プロペラはよく飛ぶと言われているドローンのプロペラとほとんど同じねじれ角になっていました。

水槽で実験したところ、直径五センチメートル程度の直

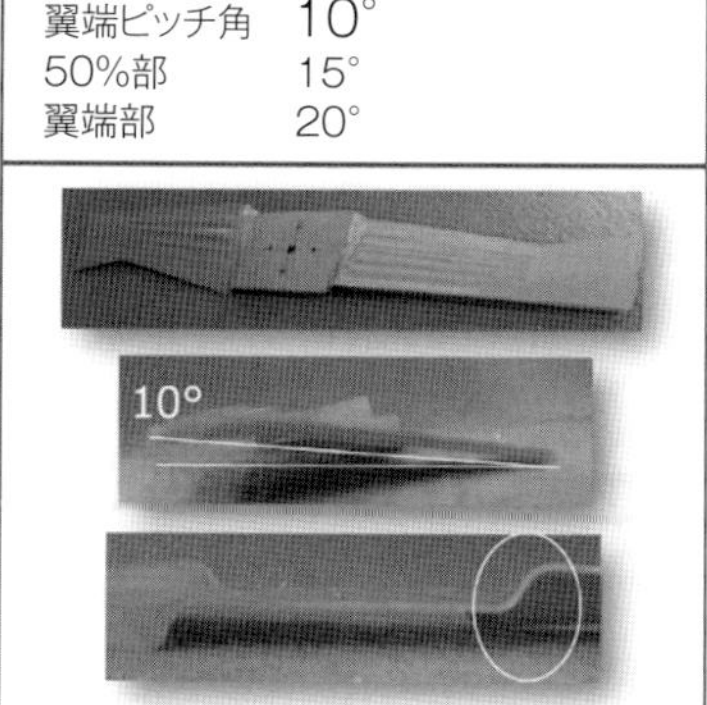

図4-28　トンボ翼型プロペラ

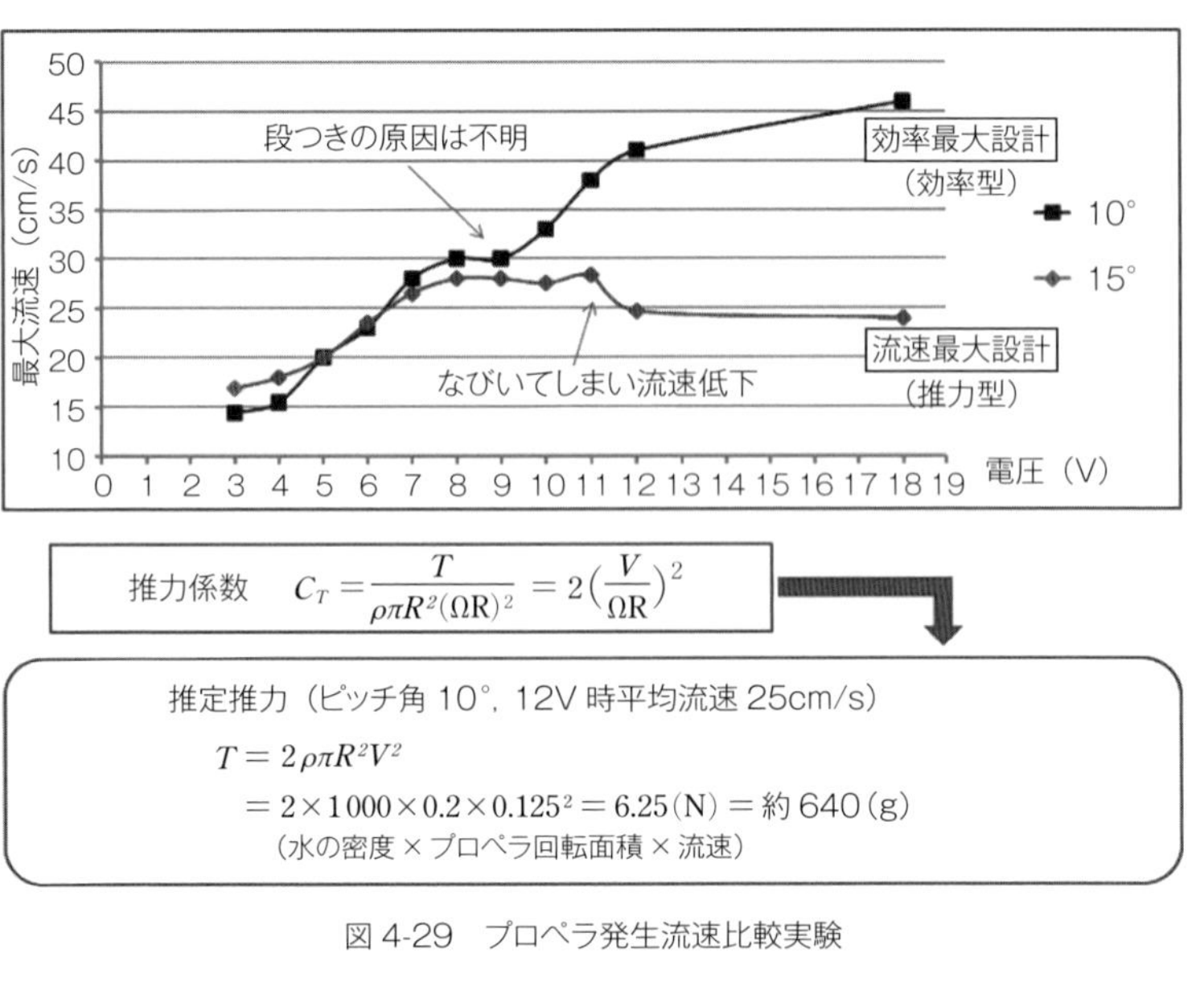

図 4-29　プロペラ発生流速比較実験

流モーターに取り付け十二ボルトを与えたら、下流では最大で毎秒〇・四メートルの流速を得ました。平均流速から逆算すると、水中では約六〇〇グラムの力を出せそうです。空中で回してもかなり強い風を出してくれます。効率までは計っていませんが、かなり魅力的です。

これは、水の中に流れを起こす必要があるときや、そよ風専用の扇風機に使えそうです。羽根に柔らかい材質を使えば、扇風機の難点である防護枠が不要になるかもしれません。いまだ試してはいないのですが、トンボ翼は渦列を放出するので、流れに強弱がついて、自然風に近い印象を人に与えると期待しています。

小水力発電への応用

実は、トンボ翼の風車への応用を研究しはじめたころ、話を聞いた人から水流発電に使えないかと質問されました。当時は、紙の風車しかできていなかったので、「理論的にはできるはずだ」とあいまいな回答をせざるを得ませんでした。その後風車の研究も進み、ある日ふと、この風車は水中用に設計し直さなくともそのまま使えることに気づきました。

すでに述べたように、マイクロ・エコ風車は、設計風速とか、そのときの発生電力などを指定して得られたものではなく、一番良い性能を出す翼の形が無次元の形で与えられています。これは、サイズだけでなく、水であろうと空気であろうと全く関係がないということも意味します。できた風車をそのまま水につけても十分発電することが期待できます。

水の場合、遅い流速で回りますから発電するためには増速ギアをつけてやる必要がありました。ギアをつけるとコアレス発電機を使用しても空回し状態で急に重くなります。誰もが水の中では回らないと言いましたが、でき上がった試作水車で実験してみると、流速〇・一メートルで十個以上並べたマイクロ LED が灯りはじめました。折を見て、近くの用水路で本格的な実験を行いました（**図4-30**）。

何と言ってもこの五十センチメートル径小水力発電機の魅力は軽量で安価だということでしょう。本体だけですと四キログラム程度です。それほど速くない流水速度でもか

@ 大野川導水路公園

図 4-30　NBU 式小水力発電機（直径 50cm，質量：脚立込みで約 10kg）

なりのトルクが感じられたので、風車の場合には必須と考えていたコアレス発電機を一〇〇〇円で購入した安価なモーターに変えて実験してみました。毎秒〇・六メートルの流れで実験したところ、この安価なモーターでも十分回りましたし、約三ワットの出力が得られました（**図4-31**）。

そうなると、ブレードは先に述べたように、一枚一〇〇円くらいででき、構成部品も脚立を除いてすべてが一〇〇〇円オーダーになって、試作価格は一式でも十万円でできそうです。この価格計算法は一メートルのエコ風車で行ったのと同じですから、量産すれば一万円でできるでしょう。

この水車は水路に手を加えて水流を早める必要がありません。水の中に置くだけで常に発電してくれます。超軽量（脚立込みで十キログラム程度）ですから取り扱いも簡単です。しかし、流石の取り扱いが厄介です。

そこでフロート係留方式を考えて見ました。フロート係留式ならば、増水時には引き上げることも容易です。ところで五十センチメートル径になると、流速が〇・五メートルを超えると水の圧力がかなり上がって、なびき角が大き

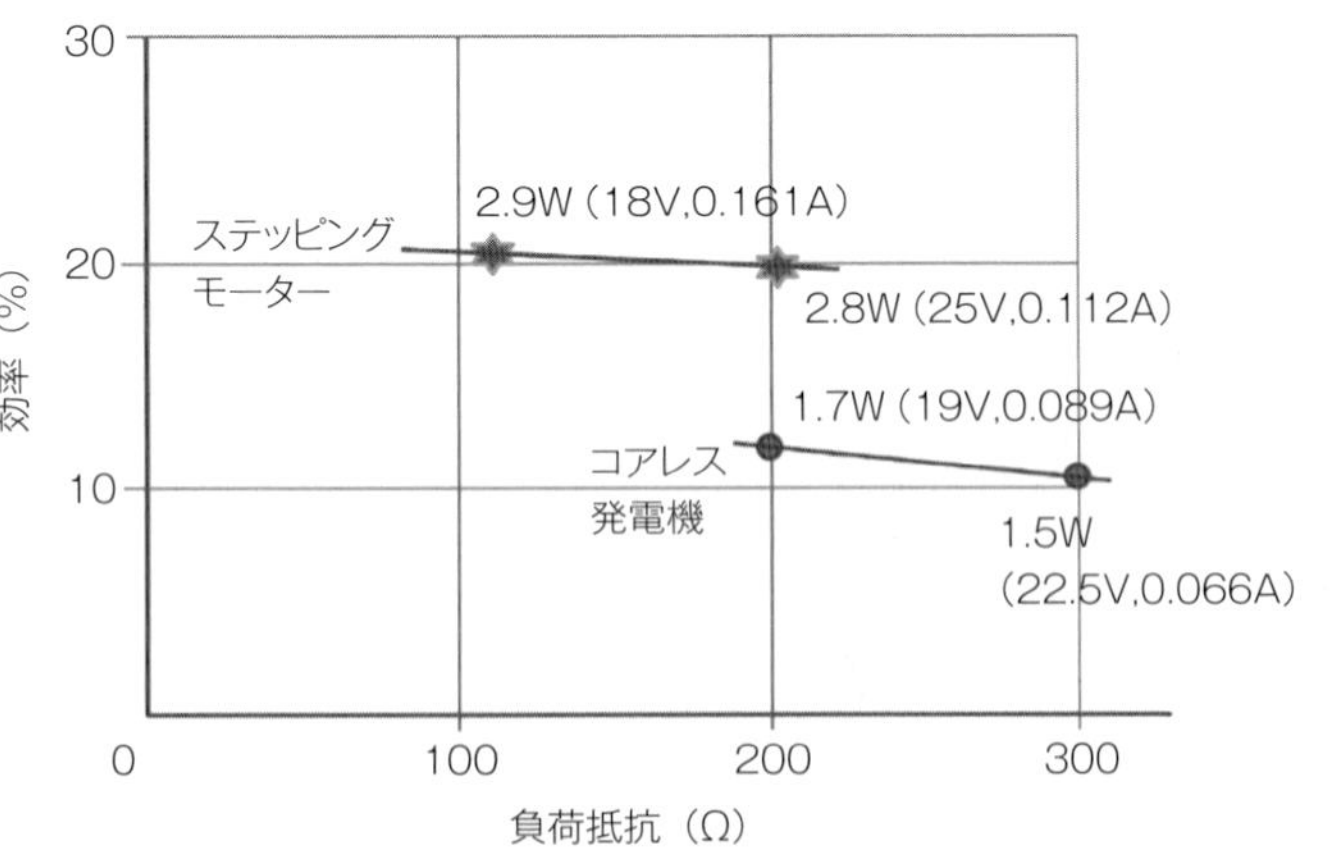

流速 0.58m/s，水深 70cm，50cmφ全没
2014.11.27@大野川導水路公園

図 4-31　小水力発電実験結果

くなってしまいます。また、浅いところでは使えません。そこで、ロバスト設計部を切って、ローター直径を三十五センチメートルにしたフロート係留式小水力発電機をつくり、実験してみました（**図4-32**）。

河川中では流れが安定しているためロバスト性が不要なのです。重さは五キログラム強で、地上で扱うときも特に整備台を必要としません。簡単に流れに置くことができますし、引き上げることも容易です。LEDは太陽光が正面から当たってもまぶしい光を発しましたから、夜間なら相当明るい光を出すものと思われます。流速〇・七メートルのところでは四ワットぐらい出ているものと考えられました。なびきもほとんどありませんし、大量のゴミが川面を流れるときは水車を引き上げることにすれば、実用上の不安も感じられませんでした。従来の小水力発電システムと全く異なった利用法が考えられそうに感じました。

これからはバッテリーが人々の生活に入り込んでくる時代になると考えられます。この小水力発電方式も大電力を生み出すのではなく、こまめにバッテリーに充電する方式しか現実的に成立性がないのですが、それが活用できる日

横置きが容易

羽根直径 35cm
質量 5kg 強
フロート長 1m
フロート幅 50cm

図 4-32　フロート係留式小水力発電システム

が近いような気がします。

大学構内に設置した直径一メートルのマイクロ・エコ風車を見ていて時々思います。場所によって回り方がかなり違うなあ、安定した風速で安定した風向きだとすべてが楽になるのだがなあ、と。フロート係留式小水力発電はまさに、小川さえあればその望んでいた環境で使えます。

以上、トンボの空力技術を使ったエネルギー関連装置が現代でも成立し得ることを述べてきました。飛ぶだけではなく、風力発電機にも小水力発電にも使えそうですし、微風用扇風機にも使えそうです。

実はこのころ、トンボ研究とは別に、甲虫を模倣して使い勝手の優れたファイルを作りました。市販されているシステム手帳よりもはるかに軽く、薄いのに同程度のファイリング能力を持ちます。記入もしやすく、瞬間的に目あての頁を開くことができる優れものです。このファイルは今でも愛用しています。

トンボの翅の機能を応用することでマイクロ・エコ風車ができ、甲虫の鞘翅と内側の後翅の役割をイメージすることで、便利なファイルができました。

生物の知恵を借りることができる分野は結構幅広いぞ、ことによると、トンボのような飛行昆虫をモデルにした、意外と簡単なものつくり法があるかもしれない、という思いが、頭の中を占めるようになりました。

その課題への私なりの解答の一つが、次章に述べる「進化アルゴリズム」ということになります。

ネイチャー・テクノロジーとバイオミミクリー

トンボをヒントにして私が作ったマイクロ風車は生物の模倣をベースとした技術の成果であるとされています。生物を模倣する技術の中でカバーする領域が最も広いと言えるネイチャー・テクノロジーの一つとして紹介されたのが最初だったように思います［文献＊29・30］。

「ネイチャー・テクノロジー」とは、東北大の石田秀輝教授（当時）によって二〇〇〇年代初頭に提唱された、「自然のすごい知恵を賢く利用する技術」のことです。ネイチャー・テクノロジーは実際に私の研究内容と強い関係がありましたし、それだけでなく、自分が掘り下げるべき方向を示してくれたようなところもあります。

石田氏は、ネイチャー・テクノロジーに従って、無駄なエネルギーを使わず地球環境に優しく、資源消費も最小にするような新しい生活スタイルを構築すべきだと呼びかけています。ネイチャー・テクノロジーは、生物だけでなく生物の作り上げたシステムまでを含めて学ぶべきであるという広い考え方を持っています。

この考え方は素晴らしいものですから、日本の将来技術の一つのあり方を示すものと評価されていて、マイクロ風車を含めて教科書にも取り上げられています［＊31・32］。当然ですがネイチャー・テクノロジーは、現代技術によるグローバルな環境破壊や資源枯渇問題を最小限に抑えようとする方向性を最初から備えています。

したがって、研究においても、行きつく先のわからない、行けるところまで物事を掘り下げていくという従来のアプローチは重視しません。代わりに、将来のあるべき姿を現在に遡って具現化させようという考え方を重視します。これを、「バックキャスティング的思考によるアプローチ」と言います。

もっともこれは環境政策の策定などには有効ですが、ものつくりに適用するには極めて難しいアプローチです。素晴らしい考え方ですが工学全般とつなげにくいところもあって、これからの技術のあり方を示す思想として注目されているというのが正確なところかもしれません。

生物から学ぶこと、あるいはそれを掘り下げることを主旨とする研究はネイチャー・テクノロジー以外にもたくさんありますが、いずれも研究手法が異なっていたり目標が異なっていたりするので名称も異なります。該当する学問名としてバイオニクス、バイオメカニズム研究、非脊椎動物脳神経系研究、インセクトテクノロジー、インセクトミメティクス、バイオミメティクス、生物規範工学、バイオミミクリーなどを挙げることができます。

この中で、現在我々の生活に直接役立ちそうだとして、最も広く知られているのはバイオミメティクスでしょう。「バイオミメティクス」とは、和訳で「生物模倣技術」あるいは「生物模倣工学」とされている、一九五〇年代後半に米国で提案された工学のことです。最近は対象領域を拡張して「生物規範工学」とも言っているようです。

初耳の方は、セーターなどに付いて取りにくい棘のついた植物の種から生まれた面ファスナー（マジック・テープなど）を思い出していただければ、生物模倣のイメージが湧くでしょう。玉虫と同じように構造だけで微妙な色合いを出せる繊維、ハスの葉が水をはじく性質を利用した撥水シート、蛾の目が光を反射しない性質を利用した無反射透明フィルムなどが典型的な成果として挙げられます。成果がわかりやすく、テレビなどにもよく採り上げられていますからご存知の方も多いと思います。

バイオミメティクスは環境に優しい新テクノロジーを生み出し得ますし、超微細技術（ナノテクノロジー）の出番が多いので、現代のハイテク技術に適合した研究領域とも言えます。国もその重要性を認めて生物規範工学の発展に予算を投じています[＊33]。

しかしながら、上に述べた多くの生物模倣系研究は組立系のものつくりまでは意識していません。技術成果としてこれらを明確にイメージしているのはバイオミミクリーとネイチャー・テクノロジーに限定されると言ってよいでしょう。興味深いことに両者とも純粋な技術というよりも、我々の社会はこうあるべきだという主張を含んでいます。

「バイオミミクリー」は二〇〇〇年代に入る直前に米国で提唱されたもので、ネイチャー・テクノロジーとほとんど同じ考え方を持つ技術思想です。ジャニン・ベニュス氏はバイオミミクリーを「生物の天分を意識的に見習う、自然からインスピレーションを得た技術革新」と定義づけているようですから[＊34]、先に記した石田氏の考え方とほとんど同じです。違いと言えば、石田氏は生物だけでなく自然現象にまで学ぶ対象を広げる一方、適用に際しバックキャスティングという考え方に拘っているのに対し、ジャニン・ベニュス氏は学ぶ範囲を生物に限定しているけれども、学びの適用における考え方に柔軟性を持つところでしょうか。

ここでは、学びの考え方がわかりやすく、しかも日本発の技術思想であるネイチャー・テクノロジーで両者を代表することにします。

ところで、これら生物を範とした技術研究の成果は、万人が認める魅力を持ちますが、必ずしも数が多くありません。面ファスナーのように日常生活にまで影響を及ぼしたものは、限られていると言ってよいと思います。

生物模倣から昆虫模倣へ

考えてみれば、生物の持つ高度な機能の応用例あるいは模倣例が身の回りにもう少しあってもよいような気がします。

例えば、仮にトンボの翅の空力的すごさが想像以上だったとすると、ことによると空気や水を扱う一般的な装置にも応用できるのではないかと誰しも考えることでしょう。私もその流れに沿って挑戦することになったのですが、トンボの場合、トンボ型飛行ロボットを経て、空気を利用するマイクロ・エコ風車という形で期待に応えてくれました。マイクロ・エコ風車には前述のように、風車は機能的にこうあるべきだという思いがありました。それとトンボの機能が重なってできたものですから、バックキャスティング的視点もあって、まさに先に述べたネイチャー・テクノロジーに当てはまりそうです。

また、風力発電は環境汚染や資源枯渇を軽減しますから、マイクロ・エコ風車はネイチャー・テクノロジーの好例と言ってよいかもしれません。単なるアイディア品以上に評価していただいたのは嬉しいことですが、私には気がかりなことがありました。一つは、すでに述べたように、生物模倣技術はネイチャー・テクノロジーを含めて、組立系の成果が少ないことで、組立系エンジニアとして、もっとあってよいはずだといつも思っていたのです。

もう一つは、新しいマイクロ風車の開発にあたり、ネイチャー・テクノロジーのように環境改善や資源の活用を意識したわけではなかったことです。トンボの教えと航空工学を基本とした考察と実験から、新しいマイクロ風車が生まれたのであって、はじめから環境問題を意識していたわけではありませんでした。

実は似たような例があります。皆さんは「ミウラ折り」をご存知でしょうか？　三浦公亮東大教授（当時）によって生み出された、大きな地図を簡単に折り畳む方法です。折り畳んだ状態から、面積でいえば二十倍以上に瞬時に広げられ、しかも簡単に元のサイズに畳むことのできる、巧妙としか言いようのない紙の折り方のことです（**図5-1**）。操作が簡単なだけでなく、折り畳んでも折り目が重ならず長持ちするというメリットもあります。

ミウラ折りはシンプルで極めて巧妙な組立系の発明の代表例と言えます。このミウラ折りをネイチャー・テクノロジーの成果とする記事を目にしたことがあるのですが、考えてみれば、三浦氏は生物をモデルにしたわけでも、ネイチャー・テクノロジーをご存じだったわけでもありません。

図 5-1　ミウラ折り

薄板の変形幾何学に関心があり、研究の結果、ミウラ折りを発案したのです。

実は、ミウラ折りが考案された後に、セイヨウシデの葉がミウラ折りそのものの形をしていることがわかりました［＊35］。したがって、ネイチャー・テクノロジーと言えなくもないのですが、実際の開発経緯がバックキャスティング的でないので今一つしっくりきません。

それが、あらかじめバックキャスティングが組み込まれているようなものつくりガイドラインに基づいたネイチャー・テクノロジーはないものだろうか、という問いにつながりました。生物全体をカバーするのは無理にしても、例えば、昆虫を組立系の機能品と考え、それを模倣するための方策があれば、話は少し前進します。上手く行けば、ミウラ折りや先に述べた新しいマイクロ風車もそれに包含され、ネイチャー・テクノロジーとして素直に受け入れることができるし、より大きな広がりが期待できるのではないかと考えたわけです。

これらのことが気になり、もっとネイチャー・テクノロジーと従来設計技術の関係を理解したくなってきました。

この辺りから、自分の採った工学手法とネイチャー・テクノロジーにおける軽量な組立系のものつくり方法論を結び付けられないかという手さぐりがはじまりました。

最初から完成を求めず、進化させることで「もの」を完成に近づけることは、小型のものに限定すると効率的なものつくり法であることは前から気づいていたのですが、その先が見えなかったのです。新しいマイクロ風車の実現に光が見えてきたころですが、気がつくとトンボの研究と平行して初歩の生物学と進化論を学ぶ自分がいました。

ものの進化に必要なもの、それは手である

幸いと言ってよいのでしょう、懸案事項に対する解決の糸口らしきものを与えてくれる幾つかの本に出会うことができました。強いインパクトを受けたのが、生物学者アンドレアス・ワグナー氏の著作［＊36］でした。

著者は、生物の根源的な機能は代謝と複製と突然変異にあり、それらを持っていたがゆえに地球環境の下で生物の誕生と進化が実現したと主張していました。代謝能力の根

源である酵素の触媒機能は生物の誕生と進化を支えていたということになります。つまり触媒機能は生物が進化を進めるうえで欠かせない重要な役割を果たしているということです。

ここで、ものつくりを生物の進化に重ねて考えてみます。ものの改良プロセスそのものが突然変異（作り直し）と自然選択（良いものが残る）のようなものですから、ものつくりにおける突然変異と自然選択は何となくわかるような気がします。

問題は器具創生においても必須と考えられる触媒の具体的イメージです。このイメージが固まれば、ネイチャー・テクノロジーに生物進化を採り入れた新しい方法論が見えてきそうです。そうなれば、実用的な器具の創造が現実味を帯びてくるかもしれません。器具にとって誕生とは何で、突然変異、短期成長、自然選択そして触媒効果とは何かを考え直すことになりました。

「誕生」は、単なるアイディアを形にした、ある機能を果たせそうな、しかし欠点の多い器具を創ることからはじまります。「突然変異」とは、器具を改良するために与え

る設計改善に相当しそうです。突然変異を生かすためには短期間での複製機能、すなわち簡単に作り直せるという条件が必要ですが、それは短期間のものつくりで置き替えられます。「自然選択」はデザイン・レビューおよび実際に使用したうえでの評価に置き替えることができます。しかし、生物誕生の秘密兵器とも言える「触媒効果」との対応はなかなかつかめませんでした。

器具を活性化させる触媒とは、器具を簡単に変形させたり、切り離したり、結合したり、動きをエネルギーに変換できたりしなければなりません。また自身は決して消耗しないものということになり、簡単には見つけられませんでした。考えるだけで何も先に進まない時を経ていましたが、あるときふと器具を改良し機能をフルに発揮させるのは人の手ではないかと思いつきました。

手は減りませんし、物を切ったりつないだり、自由に変形することができますから、まさに器具にとっては触媒です。現代の最高級ロボットでも及ばない人の手による加工世界が確実に存在しています。演奏家の指を見ればわかるように、プロの手は我々の想像を超えるくらい精妙な働き

をします。器具にとってこれ以上の触媒は考えられません。触媒の問題はこれでよいかとなりましたが、進化論を調べているうちに昆虫と花の共生形態にも注目すべきであると気がつきました。共生によって、生物は全く新しい世界を創り出しています。共生概念を使うと、自動機械では実現し得ない高度な作業にまで開発目標を広げることができそうです。

昆虫模倣の意義と可能性

ここで、昆虫模倣による組立系のものつくりの意義と可能性について考えます。

すでに述べたように、ネイチャー・テクノロジーやバイオミメティクスにおいては、組立系のものつくりに関する設計指針が明らかにされていませんし、それを課題と考える人も見受けられません。組立系という言葉には新鮮な響きがなくて、科学の匂いが感じられないので研究者を惹きつけないせいなのかもしれません。

組立系のものの中にはジェット機のようにすごい性能を

発揮するものもありますが、普通は何かを守ったり収納したりするために、そして時には何かを思うように動かすために使われています。

しかし、組立系のものは電磁気のように桁違いに速く大きな性能を発揮しないにも関わらず、人の生活に必要なのです。簡単なものでも、我々が文化的生活を送るうえで欠かせないものがたくさんあります。考えようによっては、我々の生活の質の良否を左右すると言ってもよいように思います。

人は誰しも、衣食住を満たした後には、整った環境の下でより深い文化的生活を目指そうとしますが、それらを速やかにかつ心地よく行うためには、手で扱う組立系のものがどうしても必要になります。掃除具、絵筆、楽器などが良い例でしょう。ということは、例えば昆虫模倣によって従来にない魅力を持った組立系のものを作ることができれば、我々の生活は大きく変わる可能性があるということになります。ここを、もう少し考えてみたいと思います。

昆虫模倣は、昆虫の極めて巧妙な仕組みを利用した、魅力的な機能品の幅広い開発を目標とします。

開発の幅広さを実現するために、ここで模倣の意味を少し緩めてマクロ模倣というあり方を認めることにしてみました。「マクロ模倣」とは、昆虫の構造や動きをマクロに見て、それらを類似の素材やメカニズムに置き換え、結果的に昆虫機能を模倣するというような意味です。通常行われている生物模倣は「ミクロ模倣」と言ってよいでしょう。このミクロ模倣はナノテクノロジーの出番で、これまでにバイオミメティクスとして既に多くの成果を挙げています。しかし、マクロ模倣という言葉など聞いたことがありません。それでもそれにはあまりとらわれず、昆虫に関するマクロ模倣を模索する道を歩むことにしました。

昆虫のマクロ模倣品の開発が成立すれば、以下のようなメリットが考えられます。昆虫の中でも飛行昆虫は間違いなく軽量ですから、それを模して作ったものも軽くて資源を節約したものが作れることは間違いありません。軽量であれば、環境負荷が下がるだけでなく、製作コストもセーブできます。また、昆虫模倣が上手く行けば、組立系のものを数多く生み出すことができます。これで、生物模倣技術の一つの弱点であった応用例の少なさをカバーできるかもしれません。組立系のものは現代技術が目指してきた、能力を桁違いにすることでなく、不可能を可能にしたり、人に快適感や充足感を与えたり、守ったり、移動させたりするというような面で、我々の役に立っているように思われます。特異な性能を示さない代わりに、我々の生活に直接かかわることで大きな影響を及ぼしているのです。昆虫のマクロ模倣には十分な意義があると考えられます。

以上、新しい昆虫模倣の組立系への適用に意義があることはわかりましたが、作ることに現実性がなければ意味がありません。昆虫のマクロ模倣は果たして成立するでしょうか？　模倣対象は昆虫でよいのでしょうか？　私は飛行系の知識なら多少ありますし、トンボをモデルにした機器も幾つか創り出してきました。そして、数年前には甲虫をヒントにして超軽量なシステムファイルを作ることもできたので、モデルを飛行昆虫に拡大する程度なら、ある程度先に進めるかもしれないと考えたわけです。

デザイノイドとマクロ模倣

進化論によるものつくりに可能性を感じはじめていたころ、R・ドーキンス著の『進化とは何か』という本［＊37］に出会い、生物の機能に関する極めて興味深い見方があることを知りました。我々がデザインしたものと、自然がデザインしたものには本質的な違いがあるということです。

生物が進化の過程で生み出した形や機能は極めて巧妙です。ドーキンス氏は、それが我々によってデザインされた時計や顕微鏡とは全く異なるプロセス、すなわちダーウィンが提唱した「自然選択による進化」によってできたものであると言います。ドーキンス氏はこういうものを「デザイノイド」物体として、我々が便利な機能を求めて作り上げてきた「デザインされた」ものと峻別しています。

確かにそのとおりだと思います。もっともドーキンス氏はエンジニアではないようですから、デザイノイド物体の人工的創生の可能性については言及していません。ここでは人工的でありながらデザインされたものとは異なるものをデザイノイド系物体ということにします。

デザイノイド系物体を我々は作れないでしょうか？　問えば、ドーキンス氏は無理だとおっしゃられるような気がします。果たして、それは無理でしょうか？　考えてみれば、ネイチャー・テクノロジーは、来るべき新しい社会に適合するデザイノイド系物体を作ることを狙っていると言うことができます。

仮に、もし、そのようなものが世の中にすでに存在しているとすれば、デザノイド系物体を作ることは荒唐無稽ではないとも言えそうです。私には、デザイノイド系物体が器具レベルではすでに存在しているように思えます。デザイノイド系への挑戦は決して無謀とは言えないはずです。

例として、楽器、衣類、掃除用具、調理器具、文房具を考えてみましょう。各々我々の生活には欠かせないものです。道具というよりも器具と言ったほうがよいようなもので、皆組立系のものと言ってよいでしょう。全体的に形が柔らかで曲線部が多い印象があり、何となく生物というか器官をイメージさせます。これらはそれぞれ用途は違いますが、人が扱って機能させるところは同じです。また、これらはほとんど薄板、細線あるいは薄膜でできていて、変わった形をしているという共通点があります。

また、不思議なことにこれらの働きは掃除用具は別にして、すべて便利というレベルを超えて、人の心や生活を豊かにしてくれるものばかりです。芸術あるいは文化との関わりが強いとも言えます。ドーキンス氏がデザインされた物の例として挙げた、時計や顕微鏡とは異なるように思えます。幼児に時計を与えたときの反応と楽器を与えたときの反応は多分異なるでしょう。楽器のほうにより強い関心を抱くように思えます。

このように、上に挙げた諸器具はある種の共通性があります。今まで、これらはそれぞれの世界の中では深く論じられてはいても、共通のものとして論じられたことはないと思われます。これらをデザイノイド系器具と一括りにすることで、体系的な扱いができないものでしょうか？　そこで、改めてこれらの共通点を考えてみたいと思います。

時計のように自動的に動くものは一つもありません。すべて、身の丈以下で、人が手を使うことで機能を発揮します。それも、機械ではとてもできない高度なレベルの機能を実現するものばかりです。また、マッシブなものは一つもなく、採り入れられている機構もゼロか簡単なものです。構成部品も、それらが発揮する多様な機能を考慮すると極めて少ないと言えるでしょう。それだけではありません、これらは文化的生活を求める人の作業効率を上げ、人の心を豊かにする働きを持っています。どうもこれらは、デザインされた機械類とは異なるデザイノイド系器具と言ってよさそうです。我々はデザイノイド系器具をすでに作っていたのです。

このようなデザイノイド系器具を意図的に作れるとしたら、そしてその数を大幅に増やせるとしたら、素晴らしいことです。先例があるのですから、生物に倣った進化を組み込めれば、デザイノイド系器具を意図的に作れそうだという自信が湧いてきます。

デザイノイド論は、生物模倣を組立系に適用する可能性に自信を与え、作るべきデザイノイド系器具の用途や用法のイメージを固めてくれした。また、薄板、細線、薄膜に絞ったものつくりに新しい展望を与えてくれました。

ここで再度、モデルにすべき模倣対象生物を考えてみたいと思います。例えば、鳥を模倣するのと飛行昆虫を模倣するのはどちらが楽でしょうか?

答えは簡単です。実際にものつくりの工程を考えると、模倣モデルはできるだけシンプルであるべきです。飛行昆虫は約三億五〇〇〇万年前に、始祖鳥は約一億五〇〇〇万年前に地上に姿を現しました。飛行昆虫のほうが鳥よりもはるかに早く地上に姿を現したということは、進化のプロセス上、昆虫のほうがよりシンプルで、ある意味器具に近い構造系を持っていたということを意味します。しかも、昆虫の飛行完成度は鳥に劣りません。まずは昆虫構造を模倣することのほうが鳥を模倣するよりも賢明なことは明らかです。

このころから、生物のマクロ模倣とは、このような緩い考え方で生物と器具を対比することではないか、というイメージが固まってきました。

飛行昆虫のマクロ模倣としての薄板・薄膜構造

こうして、器具を作り上げるに際して、生物のように進化させる方法がありそうだとはわかってきましたが、手を使うことだけでは昆虫模倣になりません。トンボや飛行昆虫の部位が持つツールに近い特徴を「もの」に反映すること、すなわちマクロ模倣を具体化する必要があります。

関連した考察を重ねていたあるとき、自分がトンボ研究で作ったものは飛行昆虫が持つ基本的な特徴である薄板あるいは薄膜を活用しているのではないかと思いつきました。紙はその典型例ということになります。

ここで、軽くて薄いものを代表して「薄板・薄膜構造」ということにします。ものの基本素材に薄板か薄膜を選ぶと形状を進化させるのが簡単で、結果として得られるものは超軽量で扱いやすく、しかも省資源という特性は維持しています。形状進化が上手くいかなかったとしても、元が簡素ですから簡単に後戻りできます。できる、できないはともかくとして、これは魅力的な考え方に思えました。

昆虫から学んだことを直接反映するわけですから、進化を参考にするだけよりも生物模倣のレベルが上がり、できあがるものも昆虫の優れた点を引き継げます。この薄板・薄膜構造と人の手による触媒効果、設計変更、短期改良、設計チェック、さらに共生を組み合わせる考え方は、小型であればそのままものつくりの進化に適用できます。

これらの考え方を煮詰めると、器具に関して一つの設計手順、すなわち設計アルゴリズムを作り上げることができます。これを「進化アルゴリズム」と言います。

興味深いことに、このアルゴリズムは環境に優しく、軽量で資源を浪費しない、という昆虫の優れた点を、はじめから組み込んでいます。最初からあるべき技術のバックキャスティング的条件を満たしているのです。薄板・薄膜構造で昆虫を模倣することは成立しそうです。

そこで、昆虫を薄板・薄膜で模倣することをマクロ模倣の具体策としてさらに考察を進めることにします。

飛行昆虫は殻や翅を持ちますから、それらを薄板・薄膜に置き換えることに無理はありませんが、それだけでは必ずしも広がりのある器具の進化は保証されません。薄板・薄膜構造というマクロ模倣を成立させるためには、もう少し考える必要がありそうです。

まず気づくのは、出発モデルが進化しやすい素性を持たなくてはならないことです。構造だからといって最初から柱や土台を持たせるとそこで進化の方向が決まってしまいます。それはできるだけ避け、必要ならば薄板や薄膜で代わりをさせるべきです。モデルの昆虫がそもそも骨格なしで驚異的な機能を果たしていますし、デザイノイド系器具は小さいので重力の影響を受けにくいからです。

もちろん、柱や土台も時には採用すべきときがありますので、以下に補足します。実は、薄板や薄膜に手の機能を拡大させる素材を組み合わせることで、さらに昆虫模倣の魅力を増すことができるようなのです。私は、この代表例がメラミンスポンジやエラストマーであると考えています。探せばもっとたくさんあるでしょう。メラミンスポンジとはメラミン樹脂の発泡体のことで、真っ白で軽い汚れ落とし材としてホームセンターで手に入れることができます。また、エラストマーもテレビなどの倒れ防止用粘着板として、小さなサイズのものなら簡単に入手できます。どちらも、型崩れしやすく扱いにくいので通常はブロックとしてしか使われていないようですが、薄板と組み合わせると隠れていた機能が発揮されます。

これらは、手の表皮やそれにつながる筋肉の動きによって得られる手の機能をより高レベルにしてくれることがあります。例えば、メラミンスポンジは汚れを手で落とすよりはるかに楽に落としてくれますし、エラストマーはその粘着力によって、手で机上のほこりや髪の毛をつまむよりもはるかに容易にその代りをしてくれます。身の回り品だけに限定すれば、薄板・薄膜とメラミンスポンジなどとの組合せは、使い勝手の良い進化アルゴリズム品を生み出す有力候補です。薄板や薄膜で多様な形を簡単に切り替えられるようにし、それに貼り付けたメラミンスポンジなどに肌理の細かい最終作業を請け負わせるのです。

小さな力でさまざまな形に変わり得るシンプルな機構を含む出発モデルを考えることは、昆虫模倣の可能性を広げるうえで大切であると考えられますが、それについては後に詳しく触れたいと思います。

なお、メラミン樹脂は硬いので、それで大切なものを扱うことは避けなければなりません。しかし、例えばトレーシングペーパー上に書かれた鉛筆文字をペーパーを傷つけずに簡単に消してくれることから、そのような使い方は十分考えられます。ことによると、メラミンの硬い樹脂は紙の表面を削りとる以上の機能を持っているのかも知れません。

次に考えるべきは、薄板や薄膜といっても自然素材に限定せず、現代技術が生み出した革新的な素材も視野に入れるべきでしょう。自然素材の持つ魅力については言うまでもないと思いますが、一方で現代科学が、発明者も考えもしなかったような素晴しい機能を持つ素材を生み出してくれていることも忘れてはなりません。文房具を調べれば回転器具とバネを組み合わせたような働きをする機能を持ったプラスチック薄板が多数手に入ります。全く別の目的で開発されたフィルムやテープが、これから作ろうとする器具の重要な機能を果してくれることもあるので、身の回りの新素材の機能を常に意識し薄板の概念を広げて活用することが、デザイノイド系器具の可能性を増すように思います。

以上、自然素材や現代技術の枠にまで材料の範囲を広げると、薄板・薄膜構造をベースとしたものつくりの可能性が大きく広がるように思えてきました。ここまで柔軟に考えると、飛行昆虫に関するマクロ模倣が薄板・薄膜構造をベースにすることで、ネイチャー・テクノロジーの空白部分を少し埋めてくれる可能性は十分あります。

組立系ネイチャー・テクノロジーの壁として立ちはだかっていた、模倣の壁が少し崩せたような気がします。

残る問題は、我々の時間尺度に合う器具の進化ができるかどうかですが、我々は次のような大きな武器をもっています。器具進化において偶然の要素を大幅に減らせれば、奇跡実現の可能性が増すのですが、ここで生物から一旦離れ、先人が築き上げてくれた工学を合理的に利用することを考えます。別の表現をすると、「目的意識と合理性を意識することで開発時間を短縮」します。合理性とは、各分野で工学にかかわる諸先輩が築き上げてくれたものつくり体系を自分の目的に沿って先入観なく利用することです。

目的意識を持ち、好みや思いつきを排し、器具に合理的な改良を加えることで、成功までの無限に近いトライ数を有限回数に低減できるのです。実は、トンボ型紙飛行機が飛ぶようになるまでに、多くても数十回の改良ステップしか踏んでいません。それは航空工学をガイドラインにしたからなのです。工学は合理性を支える大きな柱ですから、上に述べた指針は妥当なものであろうと考えられます。トンボの形をした紙の翅各四枚を二か所適切に折ると飛ぶようにできます。この紙の翼を幼児にでたらめに折ってもらって飛ぶようにするには、仮に重心が合っていたとしても、一兆回をはるかに上回る作り直しを要しますから、合理性は万におよぶ失敗を回避するうえで、欠くべからざる要素と言えるでしょう。

以上、生物の進化と特徴を範とし、我々の知恵を組み合わせることで、薄板・薄膜構造という単純なモデルからスタートして改良を繰り返すことでも有限時間内に解が得られる可能性が見えてきました。合理性さえ確保できれば、昆虫をモデルにした薄板・薄膜構造はものつくりにおけるマクロ模倣として十分成立し得るのです。

ここで、我々の時間的制約を現実的に考えておきましょう。素性の良い出発モデルに対して、異なる改良を一〇〇〇回繰り返すことで進化が収束するならば、毎日一個の試作・評価でも三年ほどで概ね満足する解が得られます。最悪三年で意義あるものが見つけられるならば、人生を無駄にすることもありません。これは、ものつくりにおける一つの目標になります。「一日一回の改良・評価、一〇〇〇回以内の改良で器具進化を完成させる」という考え方は現実では重要になってきます。これは、小さなものならば決して無理な話ではありません。

これから先は理屈ではなく、このようなマクロ模倣で実際に魅力的なものが作れるかどうか、という話になると思います。論より証拠なので、私はマイクロ風車以外の幾つかの身の回り器具に対して、薄板・薄膜構造を出発点とするマクロ模倣をトライしてみました。その結果、概ね自分が思ったとおりの成果が出はじめ、ことによると、これがものつくりネイチャー・テクノロジーにおいて自分が探していたものかもしれないという気持ちが芽生えてきました。

ところで私は、先の確率試算のモデルとして、PET製の翼を持つトンボ型紙飛行機を使いました。翼には凸凹を付けず、代わりに薄板を数か所を折曲げるだけでトンボ翼機に近い性能を出すものです。こんな簡単な形のものでも、でたらめに作るとなると、飛ぶまでの時間は想像できないほど長いものになります。私はこれにミラクル２号と名づけ、大切に保管しています。見るたび飛ばすたびに、

進化と合理性の関係に思いが至ります。こと生物の進化に関しては、いまだに生き残りに向けた生物の強い意志の表れではないかという気持ちが拭い得ないゆえに、ついミラクルという言葉を使ってしまいます。クールに言えば、今は生命を含めた自然の持つ合理性というか奇跡を呼ぶ方法の巧みさにますます深い畏敬の念を抱くようになっている、ということでしょうか。

一方で、飛行昆虫をマクロ模倣して、新しい器具を創り上げる方法に関しては、確信に近いものを持ちました。

飛行昆虫に学ぶ省資源と持続可能性

ところで、ネイチャー・テクノロジーのところで触れたように、現代社会では便利な化石資源の過度の使用による弊害が顕著になってきています。特にエネルギーに関しては、今のような化石資源に頼った生活を続けると、地球環境を変え、我々の社会生活そのものを破壊しかねないという危機意識が持たれるようになりました。

しかしながら、この問題は世界の国々の間に存在する経

済格差が解消されない限り、抜本的に解決できそうもありません。かといって、核エネルギーも使用済み核燃料の安全な処理という超難問を抱えています。再生可能エネルギーに目を向けざるを得ませんが、その道も険しいものです。

再生可能エネルギーを肌理細かく利用するのは簡単ではありません。エネルギー発生装置が高効率を保ったまま安価に小型軽量化され、我々の身近で使えるようにならなければなりません。また、エネルギー利用装置も安価で軽量小型にしなければ、安全で肌理の細かい省資源、省エネルギーを進めることはできません。

しかし、装置の小型軽量化による分散配置を実現するには、極端に言えば、従来品よりも一桁軽量でありながらしっかりした性能と機能を持つ装置を作ることができなくてはなりません。それだけでなく、製作費においても従来品よりも一桁安い価格に抑えなくてはなりません。探してみても、薄い機能部だけから成り立ち、少ない材料でたくさん作れそうなものは我々の世界では衣服や玩具や文房具以外目にすることはほとんどありません。残念ながら機械系装置には、サイズに関わるスケールメリットという法則のようなものが存在します。小型装置の数を揃えるよりも大型化して一か所にまとめるほうが全体としての製作費や運用費がはるかに安く上がるのです。近年、エネルギー関連装置の分散化は増々その必要性を高めているように思えますが、事態は進んでいるように見えません。機械つくりに成立するスケールメリット法則から逃れた、桁違いに軽く安価で効率の良いエネルギー利用装置の実現は、現代技術社会の大きな課題の一つと言ってよいでしょう。

さて、地球上の生物は細菌から鯨まで幅広い大きさを持ちます。そして、生物はそれぞれ自身の生命を維持するという高度な機能を持ちながら、サイズの小さいものほど数が多いという特徴を持ちます。

一方、我々の周りにある高度な機能を果たす機械装置はそれなりに厚みを持ちますから、生物で言えば鳥類や哺乳類に相当すると言ってよいでしょう。

ここで、我々の利用する機械装置類の数と高度な機能を持つ生物の数をサイズの大小で比較してみたいと思います。玩具レベルの大きさと重さを持つ機能品は、みな薄板でできているので、生物で言えば昆虫に相当しそうですが、スケールメリットがないため経済的でなく、生物界における昆虫の数に達するとは思えません。

　正確な対比はできませんが、生物と比較すると、我々の社会には生物界で飛行昆虫に相当するサイズの装置が少なすぎるように思えます。

　スケールメリットの制約から逃れた便利な機器・装置ができないものでしょうか。小さく軽くできた機能品が多数できるだけで我々の生活は豊かになりますし、エネルギー関連装置に適用できれば、再生可能エネルギーの活用にまで話が広がります。

　これらが上手く行けば、飛行昆虫を模倣することで、我々が求めている持続可能な社会の在り方が見えてくるかもしれません[＊38]。なぜなら、トンボに限らず生物は我々人類が持ち得ない、あるいは知り得ない個体機能を持っていて、しかもそれは自然に調和していて、資源を枯渇させることがないからです。我々が自然とその中で進化してきた生物を尊重し、彼らから学んでそれを社会にフィードバックすることは、従来よりもはるかに切実性を帯びてきているように思われます。

　随分前の話ですが、恩師である東大名誉教授の東昭先生にトンボの研究をしないかと誘われたことを思い出します。技術の進歩にトンボが何の役に立つのかと思い込んでいたころで、仕事が忙しいことを理由にお断りしたように思います。何十年も経って、たまたま別の理由からトンボ研究をはじめるようになったのですが、今はトンボ研究のとりこになり、自然と共生することの技術的・社会的な意義を論じている自分に気づきます。企業エンジニアから転身して大学でトンボに関わる研究に関わるようになってから、技術に対する考え方が変わりました。

　自分の行っていることを、偏りを持つ自身の経験と知識だけで論ずるのではなく、全く異質の世界で優れた完成度を示すトンボと比較することで、堂々巡りから抜け出せた思いを何度か経験しました。トンボが自分に与えてくれた最大の恩恵のように思います。

　トンボに限らず、飛行昆虫から我々が学ぶべきことは単に技術だけではありません。特に自然との調和に関しては、我々のはるか先輩です。彼らの知恵を参考にできるのなら、これからの技術に積極的に取り入れるべきだと考えざるを得ません。

進化アルゴリズムの提唱

ここで、これまで考え方の説明だけにとどまっていた進化アルゴリズムの具体的手順と適用にあたっての留意事項を説明したいと思います。

この昆虫模倣手順は、はじめから完成を求めないところに大きな特徴があります。

人が扱い操作するものを対象として、従来はできなかったことをできるようにする器具を、進化させることで創り上げるのです。

昆虫模倣に基づく、ものつくりの進化アルゴリズム手順は次のとおり簡単なものです。

手順1：薄板などの可能な限り軽量でシンプルな素材を組み合わせて、目標を達成できそうな出発モデルを作る（飛行昆虫の構造的模倣）

手順2：これに対して、目標をクリアすべく、改良・評価のサイクルを速やかに回す（進化）

手順3：完成と判断できるまでこれを繰り返し、無理な場合は断念するか共生案に移行する

ただし、適用にあたっては次に記す三つのガイドライン（GL）に沿うものとする。

GL1：形態の変化および状態の変化を課題解決策の核とする（飛行昆虫の動的模倣）

GL2：改良・評価に際しては工学知識を活用して進化のスピードを上げる（工学の重視）

GL3：改良・評価が一日単位で行えることを目標とする（現実的進化スピード）

ここで、出発モデルの使用素材としては自然素材も重視します。人に優しいという理由だけではなく、入手が容易でしかも短時間で自由な形を得られるという優れた利点を併せ持つからです。

普通の器具は樹脂や金属と自然素材をつなぐ構造は採りませんが、進化アルゴリズムでは糸や紐を使ってそれらをつなぐことを当たり前とします。現代技術の作ったものと従来からある自然素材を組み合わせることで、従来存在し

なかった形態や構造を形として目の前に作り上げ、それに強度を持たせることも可能になります。これらの中で最もシンプルな構造素材がトンボ型飛行機やマイクロ風車で試したケント紙やＰＥＴ薄板というわけです。参考までに、トンボ型飛行ロボットを進化のプロセスとおり並べたものを**図５-２**に示します。

なお、出発モデルの選択にあたっては、我々の身近にある、優れた機能を発揮するシンプルな既存素材や既存メカニズムを使うことも考慮に入れるべきでしょう。既存メカ

図 5-2　トンボ型飛行ロボットの進化のプロセス

ニズムといっても、巧妙なものを選ぶという意味ではなく、簡単に自身の形を変えられるメカニズムに注目するのです。ガイドラインＧＬ１における形態の変化とは、次のような意味です。

昆虫の一連の動きのなかで、途中の動きを省いてみると、多くが幾つかの形を行き来していることで多彩な機能を果たしていることがわかります。脳、神経、筋肉そして骨格が連携した複雑な動き全体の模倣は困難ですが、動きの中の幾つかの形態を模倣するというレベルなら可能だし、それだけでも大いに得るところがあるだろうというわけです。ＧＬ１における状態の変化の意味については、後に詳しく説明します。

形態変化を可能とする優れた既存メカニズムの好例は文房具のダブルクリップでしょう。最近は、本体が板からフレームになったものも市販されていて、目立たず使えます。これは一個で多様な安定形態を持ち、それも簡単に切り替えることができるので、書類をはさむだけではもったいないなと、いつも思っています。出発モデルのメカニズム選択に際しては、先人が生み出した知恵の成果を可能な限り

活用させていただくことは大切に思います。

ところで、前記アルゴリズム手順3の中の器具の共生という考え方に関連しますが、シンプルな器具形態とMEMSがもたらした超小型機器などとの共生を忘れてはなりません。トンボ型飛行ロボットではトンボから学んだ形と最新の超小型モーターとプロペラとの共生によって、風に強い飛行が実現できました。また、マイクロ・エコ風車ではトンボの翅形態と小型の発電機を結び付けることによって、羽根の動きと電気を結びつけることができました。基幹部分は昆虫に頼るにしても、最新技術の活用あるいは最新技術との共生を考えることは、その良さをフルに発揮するうえで必須と考えられます。

ここで、これまで述べてきた、動きを伴う器具の進化アルゴリズムをまとめてみたいと思います。言葉だけではわかり難いので一枚の図にまとめてみました。**図5-3**を使って説明します。

進化アルゴリズムは、進化という考え方だけでなく、それに抽象化した昆虫機能を加えて、従来できなかったことをできるようにする手順です。対象にできるのは、手で扱

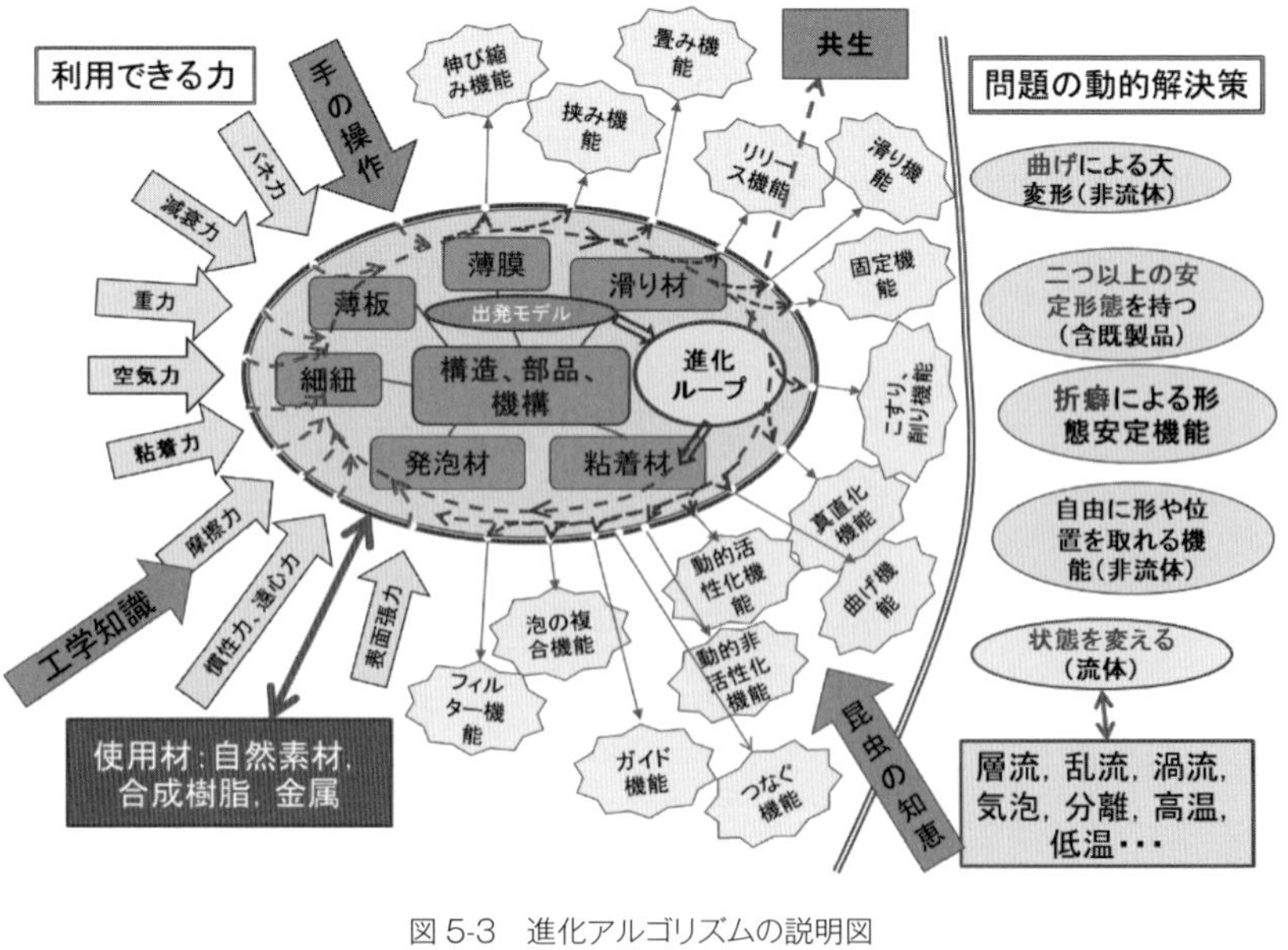

図 5-3　進化アルゴリズムの説明図

える範囲のものとなります。中央の大きな卵型の枠の中に、出発モデルの構成品がかいてあります。図には記入してありませんが、出発モデルとしては可能な限りシンプルな構成を選ぶべきです。その構成品を変えたり、部品や材料を追加したりすることの繰り返しが進化のステップを踏むことですが、図中ではその繰り返しを進化ループとしてあります。

出発モデルの構成に関わる具体的指針は、図の右「問題の動的解決策」に示されています。問題解決策として取り上げた「曲げ」「二つ以上の安定形態」「折癖」そして「状態を変える」ことは昆虫模倣における特徴的な手法と考えられます。進化のループを回すということは、卵の左側周辺の力（矢印）から、右側周辺にかかれた機能（凸凹枠）へのつながりを作るための試行錯誤ということになります。

なお、自然材は感触の良さと短期での加工や組み立ての容易性を持つので、革、竹、紙、布、たこ糸などの使えるものはすべて活用します。

この段階で昆虫機能を具体的に組み込めるとつながりが速やかになるように思います。また、進化ループの試行錯誤過程では工学知識の応用が鍵になります。ループが空回りするようだったら共生も考えるべきであると図中に矢印で示されています。また、これまで述べてきた進化アルゴリズムの個別の性質は、図中に書き込まれています。

このアルゴリズムを敢えて単純化して表現すると、「薄板に手を加えて動的機能を果たせるものを生み出す設計手法」ということになるでしょう。もちろん、現実には幾つかの機能を同時、あるいは独自に果たせなければならない問題が多く、力の作用も図に示すほど単純ではありません。また、図中では省きましたが、バネなどを利用したシンプルで巧妙な形態変化する既成ツールや、最新のＭＥＭＳの応用も成果の幅を広げるものと考えられます。進化ループの回数ですが、私の経験では、簡単なもので十回、難しいけれど可能性のあるもので一〇〇〇回というところです。

ところで、飛行昆虫には、彼らの機能に関してもう一つ特徴的なところがあるように考えられます。それは、彼らの形や形の変化を利用して、結果的に周囲環境の状態を変え、その変わった状態を利用することです。これがGL1における状態の変化の意味です。

これは、飛行昆虫あるいはその幼虫独特の機能であるように思われます。アフリカのナミブ砂漠にいる甲虫は水分を含む大気から水分だけを分離したり、蚕は液状のタンパク質を空気に触れる瞬間、固体に変えて強靭な絹糸にしたりします［＊39］。多くは微細構造や化学反応に基づくものですが、中には形だけの工夫によって実現できる場合があります。

例えば、トンボの翅は周りの空気の流れを、渦を含む流れに変えることで全体として滑らかな流れを作っていることは、紹介してきたとおりです。化学反応を使わなくとも、流れや外部環境の状態を変えることは不可能ではないのです。これは、進化のステップの中で解決策を模索するときの有力な選択肢になり得ます。あらかじめ、技術課題の解決を状態変化にあるとして出発モデルを進化させることも、組立系における生物模倣の一つのあり方に思えます。この力学的手段で外部環境を変質させるという考え方は、ほとんど注目されていないので、本当にそのようなことがあるかどうか、もう少し考えてみたいと思います。

この本のはじめに紹介した可視化水槽を例にとります。

下の写真では、水の上に流れに沿った綺麗な線が描かれています。実はこの写真のほぼ一メートル手前では、上の写真のように水の表面はアルミ粉が水面上に散乱しているだけです。水の表面張力と粘性、そして水表面が水内部と別の流体的性質を持ち得ることを利用して、薄板と細かい

図5-4をごらんください。

散布されたままの流れ

流線を示す流れ

図5-4　散布状態のアルミ粉と流線を示すアルミ粉

網を組み合わせただけで、流線を作ることができるのです。散布されたものが一様に拡散して流れる表層よりも、その中に流れの様子を示す線が明確に表れる表層のほうが、格段に多くの科学的情報を与えてくれます。これは化学反応によらない状態の変化例と言えます。これがＧＬ１で記した状態の変化の意味になります。

状態の変化というと、固体から液体あるいは液体から気体という相変化を考えがちですが、液体や気体の流れの性質を変えることも状態を変えることです。水をはじく蓮の葉も、考えようによっては、形によって水の性質を変えていると解釈することもできます。もっとも、周囲の状態を変える方法は専門的研究が必要なところだと思います。

さて、トンボの研究から生まれた飛行ロボットやマイクロ・エコ風車は進化アルゴリズム品の典型と考えられますが、必ずしも身の回り品というわけでもありません。進化アルゴリズムに挑戦してみたいという方には決して取りかかりやすいとは言えません。

そこで、私が進化アルゴリズムを意識して作った身近なツールの写真を付録Ｂに参考として添えました。「超」と

言ってよいほど使いやすくて便利な、五センチ×十センチメートルサイズの鉛筆込みの薄いメモパッドで、「スマート・メモ」と名づけています。胸ポケットに入り、立ったまま広げて書き込みができ、メモフィルムには長期保存用として油性ペンで書くこともできます。消しゴムを使わず鉛筆書きや油性ペンメモを簡単に消せ、用紙補充も一か月に一度程度という優れものです。

ちなみに私はすでにこのような雑作業を改善する進化アルゴリズム品を約二十種作り、それらを使い分けることで毎日の生活を楽しんでいます。

いずれも進化の極限に達しているわけではないので、使用することでさらなる進化を図れるのも楽しいことです。

進化アルゴリズム品の特徴

進化アルゴリズム品の第一の特徴は、昆虫が薄板を大変形させることで、形態を変えたり周囲の状態を変えたりし、不可能と思われる作業を可能にしていることを、模倣したものであるということでしょう。不可能を可能にするのは

ロボットも同じですが、変形の程度や重さ、人工知能や神経や筋肉に相当するところが全く異なります。また、一般の装置・機械においては薄板の曲げを多用する方策をほとんど採りません。薄板の曲げを多用するものは耐久性を持たず、しかも動きが複雑なので特殊な例を除いて装置類の材料候補として採り上げられることはありません。

一方、生活や家事に関わる便利なもの、すなわちアイディア製品の類はこの進化アルゴリズムによって作られたものと類似点を持ちます。小型軽量で、手で扱うところも同じですし、既存技術から成っているところは全く同じです。

どこが異なっているでしょうか？

まず、アイディア製品のほとんどは、それを元にして大きな利益を生み出すことを目的にして作られていますから、大量生産できなくてはならないという条件が付きます。そして、ものつくり方法の考え方が明らかにされていません。良いものであっても、それで終わりです。一方で進化アルゴリズムでは前述のように、検討すべき手順、方向性、検討の流れなどがかなり明らかにされているので、アイディア製品と異なって多くの類似品を生み出す可能性を

持ちます。

もっとも、進化アルゴリズムで作られたものも、出発点を除けば最終的にはアイディアが完成に導くのですから、アイディア製品の一部であることは否定できません。進化アルゴリズム品は作業の効率化だけでなく、我々に快適な操作感と精神的満足感を与えてくれるアイディア製品なのかもしれません。まだ進化アルゴリズムだけで作ったものはたかだか二十種ですが、それらを使用する経験はそのような印象を与えてくれます。

ここで、一見コスト面では不利になる、大量生産を検討開始時の前提としないことについて、少し詳しく考えてみます。進化アルゴリズムでは自然素材や金属や合成樹脂をつなぎ合わせることを平気で行いますから、接着剤だけでなく糸や紐を多用することになり、大量生産には向かない可能性が大です。部位によって肌理細かく材料を変えなければならないことも大量生産には向きません。しかし、手間がかかるというデメリットも裏返せばメリットになります。手間をかけることによって得られる、見た目の高級感、丁寧なつくり、丈夫さと優れた操作感は価格に反映できる

はずですから、大量生産できないからと言って致命的とは思えません。

最後に、進化アルゴリズムに基づいて作ったものには、工業所有権を主張しにくい例が多いことを挙げておきたいと思います。わざわざ買わなくとも、自分で作れそうなものが多いためです。特許権を持たないものが、現代社会において利益を生み出すなりわいとして成立するかどうかは大きな問題ですが、進化アルゴリズム品は手間がかかる故に模倣しにくいことが救いになると考えられます。

以上、進化アルゴリズムで作られたものは、ロボットとも従来の機械や道具とも普通のアイディア製品とも異なると言えそうです。唯一似ているのは、先に挙げたデザイノイド系のものということでしょうか。その存在が文化や芸術レベルの向上につながる可能性を持つことは、デザイノイド系のものの持つ大きな特長と言えるでしょう。これらが、もくろみどおり成功するかどうかは別にして、進化アルゴリズムが従来にないものを生み出せる可能性を持つことは間違いなさそうです。

エピローグ　トンボと進化アルゴリズムの描く夢

低速流体の振る舞いとその美しさや面白さに気づいたころトンボに出会い、その研究とそれによって得られた知見の応用に夢中になって約十年が経ちました。狭いけれども一つの科学世界の探検と応用への冒険を堪能して、幾つかの新しい結果を得ることもできました。

在職する大学も私の研究に大変理解を示してくれ、研究時間を十分に与えてくれました。また、最も費用のかかった大型可視化水槽の製作に際しては、大学だけでなく、国の研究補助金のお世話にもなっています。大分県も研究支援を長く続けてくれました。

身近なテーマのせいか、学内外の一般の支援者も多く、楽しくかつ充実した研究を進めることができました。

学科では、私のやろうとすることに興味を持ってくれた多くの学生たちが実験を遂行してくれましたし、優れた技

術スタッフが実験準備やものつくりに協力してくれました。

行き詰ったときや、成果が出たと思ったときには師である東昭先生のところに伺って問題解決のヒントを得たり、喜んでいただいたりしたことを思い出します。

特に研究後半、東先生ならびに生物の持つ驚異的な動的メカニズム探究に力を注いでいる東門下生諸氏の助言が得られたことも大きな力になりました。

トンボの研究をはじめてしばらくしてから、偶然、東北大学の石田秀輝氏と彼の提唱するネイチャー・テクノロジーに出会い、興味を惹かれ刺激も受けました。

以来、若いころから持っていた生物の進化への関心がさらに強まり、そこでの学びは自分の研究を新しい方向に導いてくれました。

気がついたら、基礎研究をしているのか、応用研究をしているのか、あるいは発明に興じているのか、はたまた環境や文化のことを考えているのか我ながら弁別が難しくなっています。後半生の師として選んだトンボの超高機能と応用の多面性を考えれば、やむを得ないのかなとも思います。

ところで、二年ほど前に海外から一通のメールをもらいました。ご自分で農園を経営しており、いつもトンボを見て感心しているのだとの自己紹介の後、君がトンボの翅の空力的秘密を明らかにし、その応用に関わる研究をしていることを知ったが、トンボについてどう考えているか？というような問いが書かれてありました。私の考えていたトンボ観や自然観などを返信したことから交信がはじまり、そのうち同世代で似たような考えを持っていたということもあってすっかり意気投合しました。よく勉強されていて、トンボに関する色々な文献も教えてもらいました。

彼の名はエリック・シビアン（Eric Chivian）といって、一九八五年のノーベル平和賞の受賞者の一人でした。ノーベル平和賞受賞者がすべて万人の賞賛に値するかはさまざまな論があるようですが、彼の場合は異論の出ようのない受賞と思われます。

受賞したＩＰＰＷ（核戦争防止国際医師の会）は一九八〇年に米国四名とソ連三名の医師が結成した団体で、本の発行を通して核戦争の危険性を世界に強く訴えました。一九八五年にソ連が核実験停止を決めたのは、その影響と言われています。

エリック・シビアン氏はＩＰＰＷの中心メンバーの一人ですが、ハーバード大学の教授で、受賞後の一九九六年には学内にCenter for Health and the Global Environmentを設立された方でした。公式にはＩＰＰＷ設立メンバーとして受賞されたとされていますが、彼らが発行した「Last Aid」という本［＊40］がノーベル平和賞に値するとする記述を多く見ます。核戦争による放射能が人類の健康にどのような悪影響を及ぼすのかを記した本で、世界七か国で翻訳されて医療機関の教科書として使用されているそうです。

現在、エリック・シビアン氏はサステイナビリティの観点から地球環境問題に取り組んでおられ［＊12］、二〇〇八年にはタイム誌から「世界で最も影響力の大きい一〇〇人」に選ばれています。いまは、「Nature's Tool Kit」というタイトルの電子書籍を執筆中で、自然から学ぶべきことが多いことを動画入りで説明する内容です。その中にトンボ編を設けてくれることになっています。

本題に戻りますが、彼のメールの中に次のような意味のコメントがありました。「トンボの翅に隠された空力的秘密の発見もさることながら、それを利用して分散配置可能なエネルギー機器であるマイクロ風車を安価に作ったところに感銘を受けた」。我々の生活が巨大装置に依存しすぎていることを案じていて、安価で小型なエネルギー関連装置の実現の困難性が、問題解決のネックであると認識していることがよくわかります。

ネイチャー・テクノロジーやバイオミメティクスが行き詰る不安を漠然と抱えていて、何とかしたいなという私の思いが、彼の言葉と重なりました。ことによると自分のしていることに意義があるかも知れないと思い、この段階でものつくりまでを含めて自分の考え方をできれば本としてまとめてみよう考えはじめました。

研究途中のものも多いのですが、限りがありませんからここで区切りをつけることにしました。

この本は、先人の成果を紹介し、そこに自分の考え方を追加したものではありません。既成工学には先賢に対する深い敬意をもって接しさせていただいていますが、考え方の師はトンボをはじめとする生物全般です。中身的にも、トンボの飛行技術とその応用に関わることだけでなく、ある意味では技術文化にまで話が及んでいます。しかし、考えてみれば先行する技術だけを追えばよいという時代は終わっているわけですから、それはそれでありかなとも思います。

それはともかく、この本をお読みいただいての感想はいかがでしたか？　お読みいただければ、トンボが素晴らしい飛行能力を持っていることはわかっていただけると思います。そして、それだけでなく、彼らの能力が空力関係の機器に応用できるほど素晴らしいこともわかっていただけると思います。

一方で、生物を従来とは異なる方法で模倣しようという、進化アルゴリズムはいかがでしたでしょうか？　アルゴリズムそのものについては、概ね妥当性を認めてもらえるものと思います。そして、それが生物模倣の一つの方法であるということに関しても理解は得られるものと思います。しかし、多くの読者が進化アルゴリズムについて共通の印象を抱かれるものとも思います。適用範囲があまりにも身近なことに限定されているうえ、商品にはなりにくく、社会的な広がりや量的な広がりを持ち得ないのではないかということでしょう。つまり、進化アルゴリズムに従って魅力的なものを作れたとしても、通常ビジネスには乗らず、ビジネスにならなければ世界など変わるはずがないというわけです。

　ビジネスになるかどうかは、魅力の有無とは別の重要な問題です。確かに、そういう意見があってしかるべきですが、私にはビジネスにならないと断定するのは早計に思えます。進化アルゴリズム品は、時間のない中でより豊かな生活を目指す人々に向いています。一方で、製作においては体力や大掛かりな加工設備を要しない代わりに、多少のものつくり経験と手間を要します。つまり、年齢に関わらず比較的時間のある人々に向いています。

　進化アルゴリズム品は時間の充実という付加価値を与えますから、これらを組み合わせると都市の富を地方に逆流させる可能性が考えられます。私は、実活動にはＮＰＯなどの支援を要するにしても、この逆流ビジネスが成立するように思います。

　いつの間にか、夢のような話になってしまいましたが、進化アルゴリズム品が都市に住む現代人にとって魅力あるものならば、地方都市でこれを作るシステムを作りさえすれば決して不可能とは思えません。思えないだけでなく、格差拡大を解消する一つの方策になるかもしれません。

　進化アルゴリズム品は生活品質を向上させるものですから、それを作り使うことは楽しいものです。そこで年齢や学歴・職歴に関わらない新しいコミュニティが地方に誕生するかも知れません。それだけでなく、生活の質の向上は、人々に夢を与えてくれます。

　工夫すれば、良いドリップツールができて、誰もがこれまでよりはるかに美味なコーヒーが味わえるようになるかもしれません。

　工夫すれば、不可能と思われた指使いができるようになり、誰もが楽器の演奏を楽しめるようになるかもしれません。

工夫すれば、簡単な矯正ツールを指に付けるだけで、誰もが美しい字を書けるようになるかもしれません。

これからの時代は、ＡＩによる全自動・省力化もさることながら、それによって得られた時間を心地よく過ごす方法も追求されるべきでしょう。

私は、工業や産業につながる工学への関心が強かったものですから、長い間、技術的に役立ちそうもないものは研究する意味はないと考えていました。これが、大学でトンボの飛翔を研究しはじめてから一八〇度方向転換させられました。トンボを調べれば調べるほど良くできていて、信じられないくらいです。それが工業や産業の役に立つようにできないかと考えて応用研究を続けた結果、思ってもいなかった展開になってきました。単にものつくりが好きで続けてきただけのことなのですが、研究をしているうちに色々考えるようになります。

ことによると昆虫や身の回りの生物がこれまでの技術を地球環境に優しいものに変質させるきっかけになるかもしれないと思うようになってきました。そして、昆虫模倣としての進化アルゴリズムにわずかでもその役割を果たして欲しいものだと考えるようになっています。

日本古来の風呂敷、扇子、ほうきと塵取り、一〇〇年ほど日本で発明された亀の子たわしなどは、すべて進化アルゴリズム品に属すると言ってよいように思えます。日本人は、既成技術や自然を活用して豊かな機能を持つものを生み出すことに長けていると言ってよいと思いますし、再評価されるべき技術文化の一つにも思えます。

上野にある国立科学博物館の常設展示場に次のようなフロア・メッセージがあります。「移り変わる季節と多様な自然の中で培われた細やかな観察眼と、日々の生活の中で育まれた独創性。それらは、今日の日本の科学と技術を生み出す原動力となっている」

つい最近、この領域で大いに勇気づけられる活動が日本にあったことをテレビで知りました。カエル好きの小学校六年のある少女が、数年にわたるカエル研究の傍ら、側溝に落ちたカエルが壁を登れないことを可哀そうに思い、「お助け！　シュロの糸」を発明し、カエルを救出しつつあるというのです。科学的な研究態度、その結果得られたカエル行動の深い理解、生物との共存意識、自然物を用いることによるカエルを救う「もの」の創出、どれをとっても素晴らしく、深い感銘を受けました。公益財団法人の日本自然保護協会はその活動の素晴らしさを評価し、二〇一五年の日本自然保護大賞を与えています［＊41］。彼女の採ったカエル救出具の創出手法はまさに科学的考察の加わった進化アルゴリズムと言えそうです。ここに、小生物の保護・救出あるいは害虫、害鳥、害獣などの捕獲にも進化アルゴリズムの可能性を感じます。自ら実証することはできていませんが、進化アルゴリズムの適用範囲は身近なものだけでなくもっと広がり得ると考えている所以です。

他方、そのような考え方は生ぬるいとして、特に西欧では受け入れられないという危惧もあります。

確かに現在世界を覆っている、エリートによる経済優先の波は抗えない強さと魅力を持っています。しかし、それらは地域や文化と無縁なグローバリゼーションの結果、人のコントロールが及ばない破滅的な現象を各所に誘起しているようにも感じます。持続可能で格差の少ない社会実現に向けて人が社会を健全にコントロールするためには、経済の見直しだけでなく、人々の歴史と心の豊かさを重視する文化と、人と環境に優しい技術を創り上げることが大切に思います。

これらの価値が新しい経済と共生できる時代が来ることを夢に描きつつ筆をおくことにします。

最後に、私の研究に理解を示し長期にわたり私の心を支えてくださった方々、ならびにこの本の出版を快く引き受けていただいた技報堂出版（株）殿に心からの謝意を表し御礼申し上げます。

付録A　翼と飛行に関する基本用語

空を飛ぶ物を作ろうとすると、飛ばしたい物に翼を付ける必要が生じます。ここでは、ものの飛行を論ずるうえで最も重要な翼について、よく使われる用語とその意味を説明します（以降、**付図A‐1**を参照願います）。

物体が流体中を動くときの様子は、物体を空間に固定して、物体周りを流体が物体に沿って流れるという風に物体と流体を置き換えて考えることができます。この考え方の下で空気の理論的性質を論ずることによって、航空界の先賢たちはよく飛ぶためには翼が流線型でなくてはならないことを明らかにしてくれました。ここではその理由には触れず、よく使われる空力用語の説明に絞りたいと思います。

翼の先端（前縁）と後端（後縁）を結んだ線が流れに平行におかれている状態を、翼の流れに対する角度すなわち迎え角がゼロであると言います。この状態から、翼前縁を少し持ち上げた姿勢になることを、翼が迎え角を持つと言います。前縁の持ち上がった角度を迎え角（通常αを用い

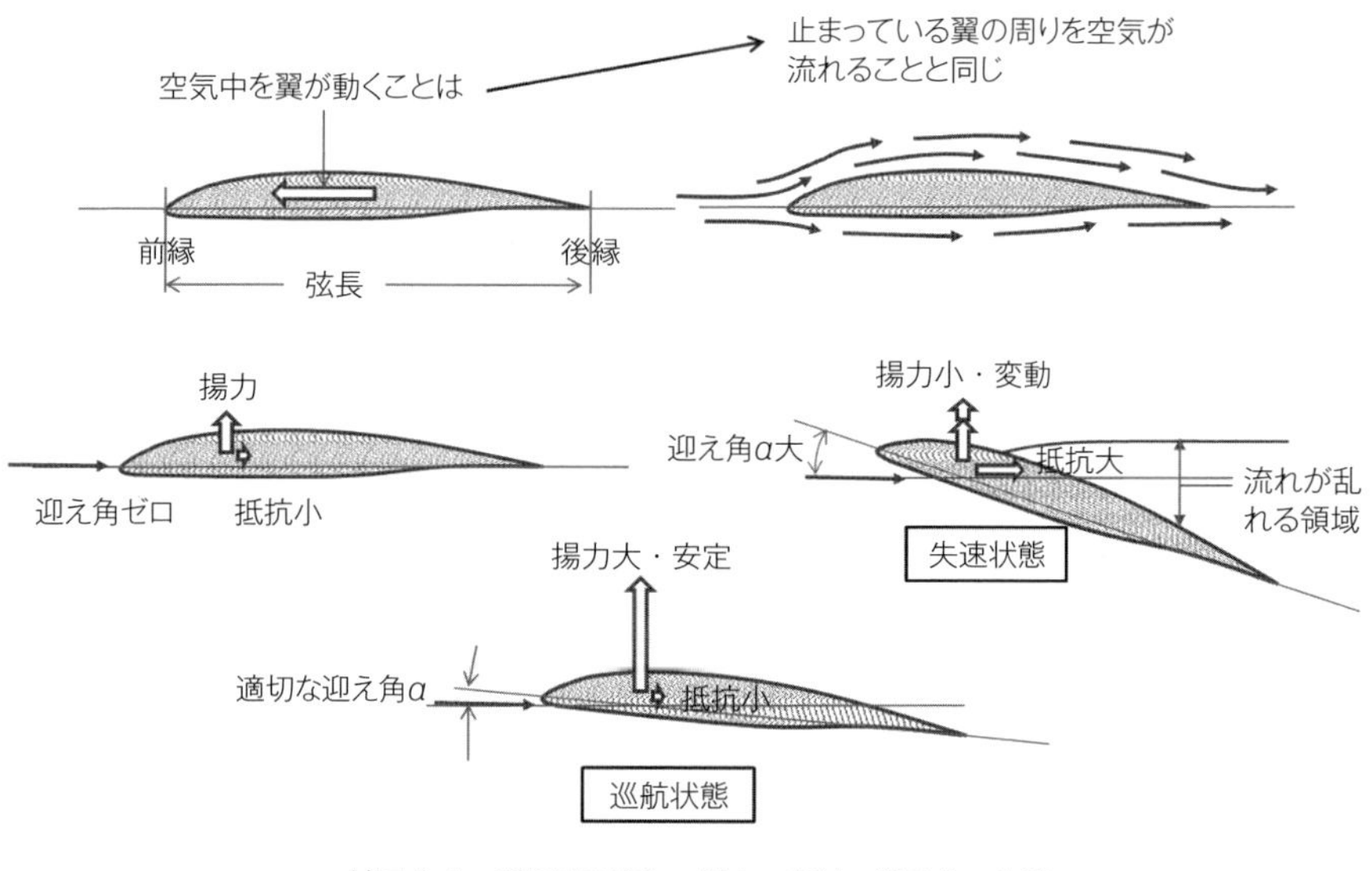

付図 A-1　翼周りの流れ，揚力，抵抗，迎え角，失速

ます）と言います。上下対称形の断面を持った翼型ですと、迎え角ゼロでは揚力を出しませんが、飛行機などに使われる翼型は平均的に上に凸の形になっていて迎え角ゼロでも少し揚力を発生します。

さて、翼を流れの中に置くと翼には流れに直角方向に浮く力の揚力と、流される方向への力となる抵抗が生じます。上手く設計された翼に適切な迎え角を与えると、抵抗に比べて揚力を五十倍以上にすることができます。これが、重さに比べてとても小さな推進力だけで飛行機が浮き上がれる理由になります。揚力は飛行速度の二乗と翼面積に比例しますから、速く飛べば小さな翼でも大きな揚力が得られますし、遅くても翼面積を増せば揚力が得られます。これらの関係を式の形で表すと$L = (1/2)\rho V^2 SC_L$となります。ここに、Lは揚力、ρは大気密度、Vは速度を、Sは翼面積を表します。C_Lは揚力係数といって、翼の形とそのときの迎え角が生み出す揚力性能を表すものです。なお、普通の飛行機が安心して飛べるC_Lは、せいぜい一・二ぐらいだと思ってください。これ以上大きくしようとすると、次に説明する失速に陥ってしまうのです。

翼は迎え角を増すと迎え角に比例して直線状に揚力が増していきます。翼にもよるのですが、特に工夫しない限り、迎え角が十度強になると、翼上面の流れが乱れ、揚力の増え方が減りはじめ、翼によっては著しく揚力を減ずることになります。これを失速と言います。このとき、流体は翼の上面に沿って流れることができなくなり、あるところで流れが剥がれたようになります。空気は見えませんからイメージがわかないと思いますが、この剥離域では流れが渦巻いたり、乱れて暴れたりするようになります。失速に入ると揚力は減るだけでなく変動もしますし、抵抗も激増します。また、翼面上の圧力バランスも変わり、それまで保たれていた水平飛行姿勢を崩そうとする回転力も現れます。これからわかるように、失速状態では翼は飛行機を満足に飛ばせることができなくなるうえ、左右翼で同時に起きるわけでもありませんから、航空機にとって極めて危険な状態ということになります。というわけで、飛行に際しては翼を失速させないことが安全飛行にとって最大の課題ということになります。なお、抵抗も揚力係数と同じ形の式を用いて抵抗そのものの値でなく抵抗係数C_Dで性能の良否を評価します。翼全体としての空力特性の良否はこれらC_LとC_Dの比で表すのが一般的です。

ここまでは低速で飛行するにしても高速で飛行するにしても事情は同じです。

ここから、低速流の話に移ります。翼周りの流れは飛行機のサイズや飛行速度によって大きく異なることを考えに入れなくてはならないのです。現代では、飛行機の世界での空気力学は概ね解明されていると言ってよいと思います。一方、木の葉の落下する世界とか昆虫の飛行するような超小型で飛行機に比べると超低速なものの飛行世界では流れの事情が一変することが知られています。しかし、その先がはっきりしないのです。

実は空気や水には粘性があって、しかも重さを持っています。重さを持つということは、流れているときには勢いを持つということになります。ある翼周りを流体が流れるとき、翼の上を通過する翼弦長と同じ長さと高さを持つ空気の塊の勢いを止めるために必要な力と、空気から翼に伝わる粘性力の比をレイノルズ数と言います（普通Reという記号が使われます。**付図A - 2**を参照願います：翼が高速

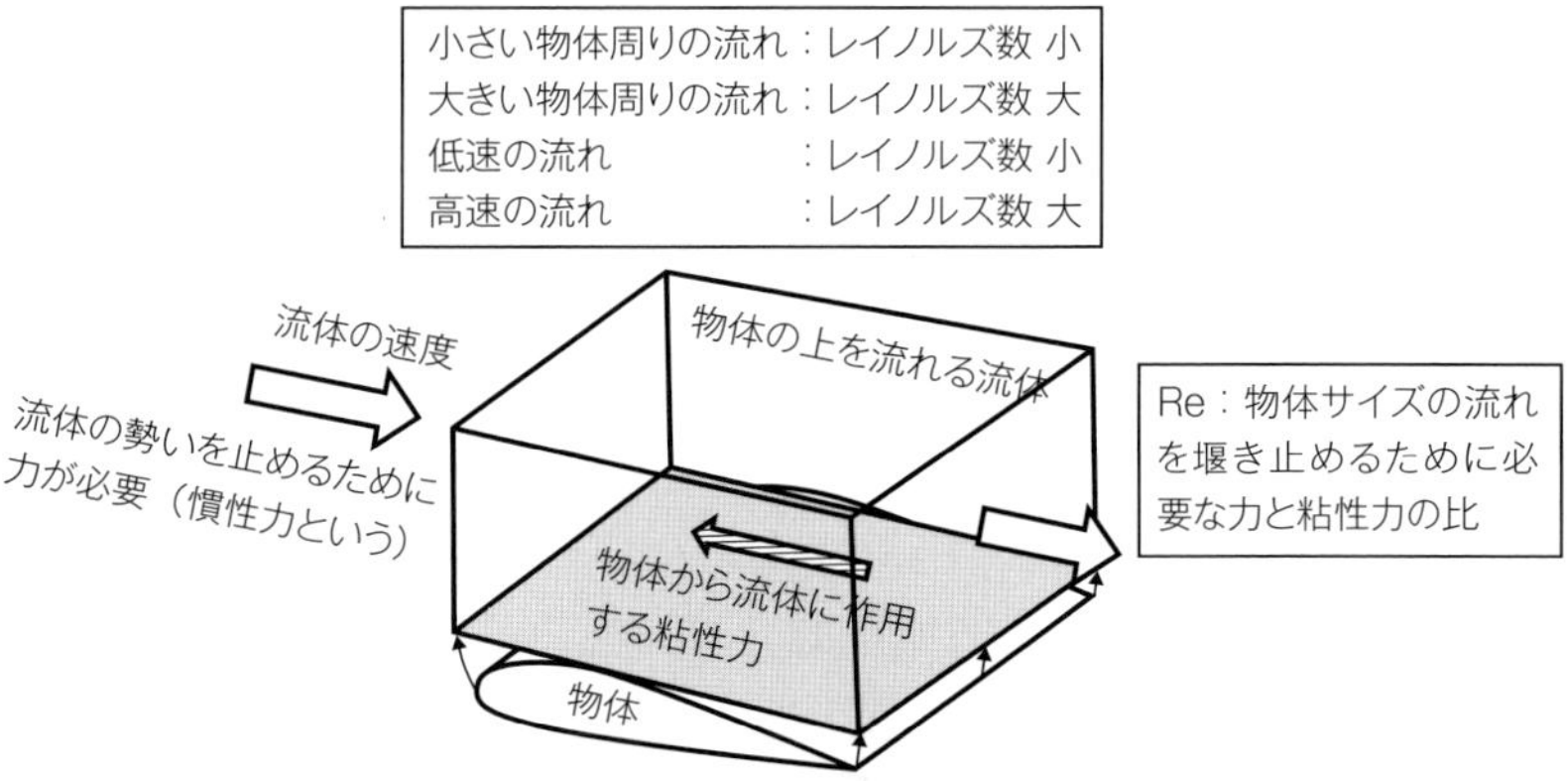

小さい物体周りの流れ	：レイノルズ数 小
大きい物体周りの流れ	：レイノルズ数 大
低速の流れ	：レイノルズ数 小
高速の流れ	：レイノルズ数 大

流れの法則：「流体中の物体周りの流れはレイノルズ数によって異なる」
「レイノルズ数が同じなら，サイズ，流体に関わらず流れは相似」
レイノルズ数 Re＝物体サイズの流体の慣性力／物体サイズの流体の粘性力

付図 A-2　レイノルズ数 Re と流れの関係

なほど、そして大きいほどレイノルズ数は大きくなります）。

流体力学の研究から、レイノルズ数が同じであれば翼周りの流れは相似、すなわち全く同じであることが知られています。水の中でも空気の中でもレイノルズ数が同じであれば、翼周りの流れが全く等しくなるというわけです。

これだけだと、そうかと思ってもらえればよい話なのですが、飛行機から昆虫までの極端に広い世界の飛行を論じようとするときには、それだけでは済まなくなります。レイノルズ数が極端に小さくなると、粘性力の影響が勢いの力に比べて大きくなってくるために、普段は流れに影響を与えない空気の粘りが翼周りの流れに影響を及ぼしてくるのです。

もちろん、こういう世界の流れの研究も多くの方々によってなされています。しかし、それを調べたからといって物の役には立ちそうもない流れの世界ですから、応用面からはほとんど注目されてきませんでした。要するに我々は、応用と結びつけた昆虫の飛行世界の空気力学はほとんど知らなかったと言ってよいでしょう。

本文における**図4-1**をごらんください。縦軸の揚力係数とは翼の発生する揚力レベルを流れや翼の大きさに関係なく表したものですが、航空機の世界では優れた揚力係数を発生するものが、昆虫の世界では最悪に近い揚力係数しか出せないことを示しています。我々はまだ、昆虫の世界で優れた翼型はどのようなものかを十分突き止めていないのです。

この研究を進めるにあたって厄介な別の事情もあります。流れが低速になって粘性の影響が強くなるということは、流れがねとねとしてくることなのですが、これがコンピューターの計算に乗りにくいのです。現代のコンピューターや計算技術は素晴らしい進歩を遂げているのですが、任意の翼型周りの超低速流れの様子を正確に予測することはまだできていないと言ってよいと思います。昆虫の翅周りの流れの解析のほうが、ジャンボジェットの翼の周りの流れを解析するよりもはるかに難しいと言えるかもしれません。

一方で、昆虫の翅の形がジェット機に使えるという話は聞いたことがありません。我々の世界で使えるかどうかわからず、しかもジェット機よりも解析の難しい超低速流の様子を調べることに意味があるでしょうか？　これについては、本文で詳しく論ずることになります。

次に、紙飛行機のような超低速でもジェット機のような高速でも、共通して成立する空気力学独特の概念があるので紹介をしておきます。それは、翼周りにできる流れの循環という考え方です。循環とは、翼周囲を微小要素に区切り、ある点で翼に沿った流れの速度にその点が属する微小要素の長さを乗じて、それらを全要素について加え合わせたものです。

空気力学によれば、翼周りの循環に流れの速度と密度を乗じたものが揚力だとされています。循環は、飛んでいるときだけ飛行機の翼の周りにできる、翼と流れが作る一つの性質と言ってよいのですが、どのようにしてできるのでしょうか？

飛行機が滑走路を走りはじめると、止まっていた空気は翼の後縁で、下面から上面に回り込もうとするのですが、流れは鋭い形をしている後縁を回り切れず、翼の後ろに渦を作ります。この渦には前進力が働かないので、飛行機と

違って滑走路上に取り残されます。この渦を出発渦と言いますが、興味深いことに、その反動として渦と反対回転を持った、ある意味渦と同じ強さの流れが翼の周りに形成され、飛行中保持されます。これが翼の揚力発生源となっている循環ということになります。循環は飛んでいる間は消えることがないため、飛行機は飛び続けることができるのです。

最後に、飛んでいる飛行機の翼が作り出す翼端渦に起因する抵抗である誘導抵抗について説明しておきます。飛行機が飛び立つと、翼の下面の空気の圧力が上面のそれより高くなって飛行機の重さを支えます。この圧力差は、機体を支えるだけでなく、翼端部の空気に流れを作ります。つまり、圧力の高い翼下面から、圧力の低い翼上面に向かって、空気が回り込もうとするのです。回り込んだ空気が翼上面に当たろうとするときには、翼は前に進んでいますから、空気は翼に当たらずにそのまま回り続けます。飛んでいる限りはこの現象が連続しますから、翼端後縁側から強い渦が出続けることになります。これを翼端渦と言います。実は、翼端渦は翼上面に吹き下しを生じ、翼の発生する揚

力を後方に少し傾ける影響を与えます。翼は揚力によって持ち上げられながら、少し後方に引っ張られるわけですから、抵抗を感じることになります。これを翼端渦による誘導抵抗と言います。これらの関係を、**付図A - 3**に説明しました。この説明に納得いかない方は、翼端渦を常に作り続けるためのエネルギー代償が抵抗として現れると考えてください。いずれにせよ、出発渦により生じる循環と翼端があることにより生じる翼端渦は、飛んでいるときだけ飛行機の翼の周りにできる、翼と流れが作る特殊な関係と言ってよいでしょう。

なお、トンボの凸凹翼は、低速において迎え角を急増したときにできる出発渦のでき方が流線型翼より強くなることが実験でわかりました（本文**図3 - 8**、**3 - 9**）。これもトンボ翼が斜めに進行するときの翼端渦の出方（**図3 - 7**）と相まって、トンボの安定飛行に大きく関わっていると考えられます。

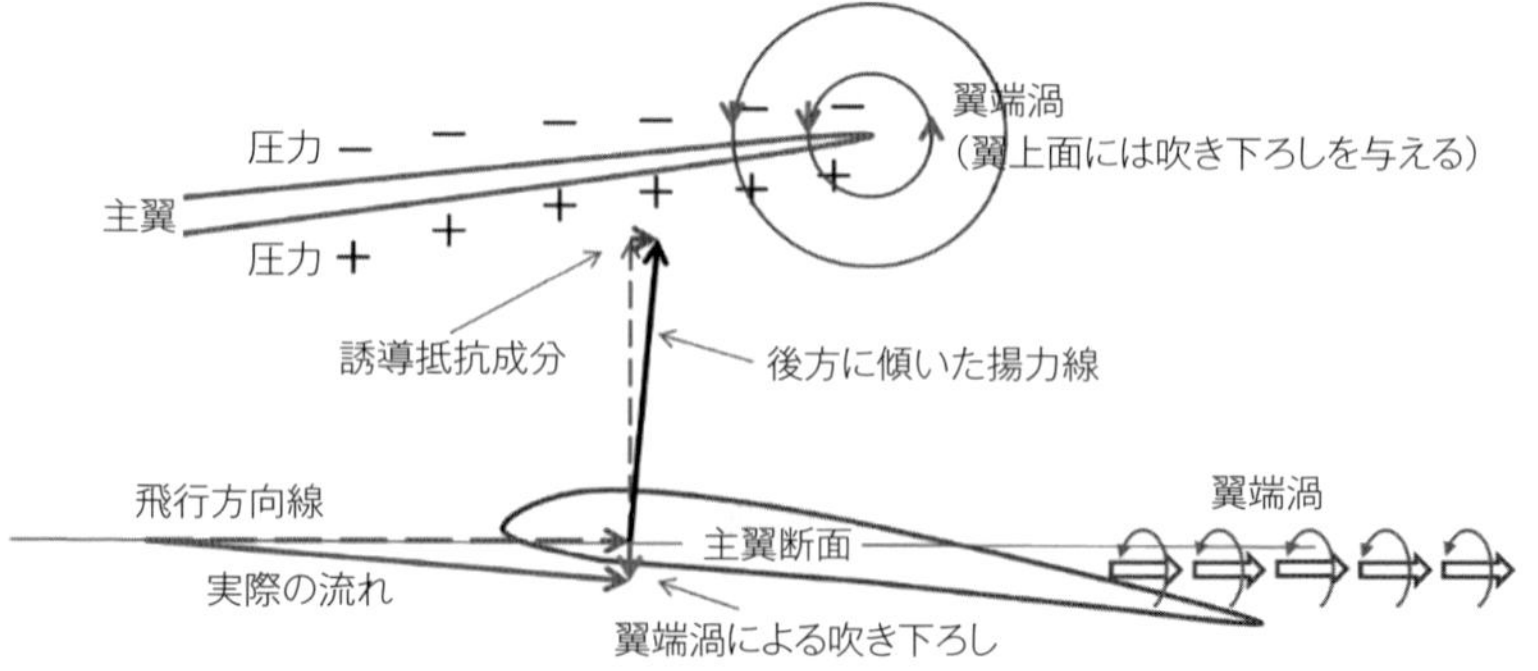

付図 A-3　誘導抵抗の説明

付録B　スマート・メモ

我々の生活にメモは欠かせません。特に、創造的な仕事をされている方は、メモに関心があると思います。

もっとも簡単で実用的だと思われる方法は、剥ぎ取りが簡単なメモ帳を身の回りに幾つも置き、思いついたことをそれに書きつけることです。しかし、立ったままでは書きにくく、保管も面倒です。一方で、立ったまま書けるよう腰の強いメモとするとごつくなり、持ち運びが不自由になります。また、普通はメモと筆記具がバラバラです。

メモと筆記具が一体となり、小さ目の胸ポケットにも入り、立ちながらも書け、消去も容易なメモがあると生活はずいぶん便利になりますが、そのような文房具は見たことがありません。

これは飛行昆虫を模倣した進化アルゴリズムを考える良いテーマに思えました。成果品を**付図B-1**に示します。ロングサイズのタバコの大きさでアルミのカバーの中にメモ用フィルムと小さな鉛筆が挟まれているだけで

概要

5cm×10cm
重さは22g（タバコの重さぐらい）
厚さは平均して5mm以下

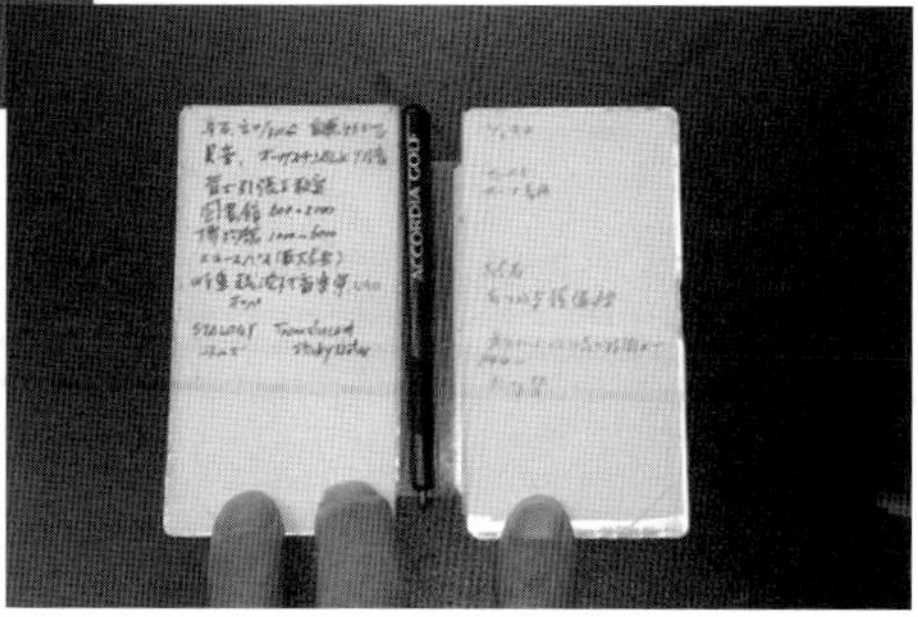

特長

・ポケットから出すと自然に20°くらい開く
（開きやすい）
・変形しない
・アルミ薄板が書くときの台になる
・繰り返し使える（油性ペンでも）

付図B-1　スマート・メモ

す。見た感じも悪くないと思います。

このメモのモデルにしたのは、甲虫の翅です。甲虫は硬いさや翅で内側の羽ばたき用の後翅を守っています。このアイディアを拝借して、さや翅を模したアルミの薄板でメモのフィルムを守るようにしただけです。

アルミ板だけでは書くための土台とカバーと開閉という三つの機能は持てないので、開閉機能はよく使われている折り曲げ可能な薄いプラスチックバインダーのヒンジに頼っています。メモ用フィルムはトレーシングペーパーでもよいのですが、最近は裏に貼付け用の糊が付いた専用のプラスチックフィルムが売り出されているので、それを使います。何種類かあるようですが、たまたまサイズの合ったものを使わせてもらっています。手に入らなければ、トレーシングペーパーを十センチメートル角に切って、左端を両面テープでアルミ板に止めて使います。アルミ板を閉じても、ペーパーが折れ曲がるようなことはありませんし、開くと一緒に開いてくれます。

このスマート・メモの特長は？　小さいので胸ポケットに簡単に入ります。それだけでなく、このメモは油性ペンと鉛筆が使えます。両方とも、簡単に消せますから、そのままで何回も使えます。鉛筆の場合、消しゴムでもＯＫですが、メラミンスポンジを消しゴム状に切ったブロックでも簡単に消せます。フィルムによっては、軽くなでるだけできれいに消えます。油性ペンで書いたものは、しばらくの間消したくない場合に使いますが、書かれた文字をホワイトボード用のペンで溶かし（緑色がよいですね）、それをティッシュや先のメラミンスポンジでなでるだけで、これもきれいに消えます。

自分の場合、開いたメモの左側を一週間単位の記憶用として油性ペンで書き、右側は一日単位の記憶用として付属の鉛筆で書くことにしています。油性ペンは書きやすいし、読みやすく、なおかつ簡単には消えにくいというメリットを持ちます。

ポケットさえあれば、激しい運動をしているとき以外は常時身につけられます。立っていても書けます。スマホとも違う、普通のメモ用紙とも違う、新しい使い勝手を生み出してくれます。

あまりにも簡単なので驚かれると思います。単なるアイディア品ではないかと言われるかもしれません。しかし、このアルゴリズムに従うと、４章末に述べたように、ファイルにも容易に拡張できます。作るのに少し手間がかかりますが、金具を持つシステム手帳よりもはるかに薄くはるかに軽く、しかも同程度のファイリング機能を持つものを簡単に作ることができます。私はこのファイルを自己管理用に四年以上使っていますが、便利で手放せません。耐久性にも特に問題がありません。

《参考文献》

＊1 A. Obata and S. Shinohara: Flow visualization Study of the Aerodynamics of Modeled Dragonfly Wings, AIAA Journal, Vol.47, No.12, Dec.2009.

＊2 A. Obata et al.:Aerodynamic Bio-Mimetics of Gliding Dragonflies for Ultra-Light Flying Robot, MDPI, Robotics 2014, 3, 163-180; doi: 10.3390/robotics3020163, 2014.5.28.

＊3 クリストファー・ロイド 著、野中香方子 訳『137億年の物語』文藝春秋、二〇一二

＊4 国際層序委員会「国際年代層序表」国際層序委員会、二〇一三

＊5 竹内　薫 監修『nature 科学　系譜の知　バイオ・医学・進化』実業之日本社、二〇一五

＊6 北九州市立いのちのたび博物館、北九州市

＊7 生方秀樹「トンボはなぜ生き残れたか？　―環境変動と適応進化」二〇一三いきもの講演会@釧路市立博物館、二〇一三年八月二十四日講演

＊8 河邉博康・永井　海「トンボの飛行解析と胸部構造に関する研究」『昆虫型超小型飛翔ロボットの研究開発』日本文理大学マイクロ流体技術研究所、二〇一〇

＊9 Daily Mail Reporter: Longest insect migration ever as dragonflies fly 11,000-mile round-trip over ocean, http://www.dfailymail.co.uk/sciencetech, 2009.7.16.

＊10 酒井高男『おもちゃの科学』講談社ブルーバックス、一九七七

＊11 木村秀政 監修『航空学入門 上巻』酣燈社、一九七五

＊12 Eric Chivian & Aaron Bernstein eds. : Sustaining Life — How Human Health Depends on Biodiversity, Oxford University Press, 2008.5.15.

＊13 NASA Glenn Research Center: Incorrect Lift Theory, http://www.grc.nasa.gov/WWW/K-12/airplane/wrong1.html, 2006.3.15.

＊14 鈴木和夫『流体力学と流体抵抗の理論』成山堂書店、二〇〇六

＊15 トビウオの飛翔 : http://www.geocities.jp/nature_photo_technique/fish_01.html, 2010.5

＊16 スティーブ・N・G・ハウエル 著、石黒千秋 訳『トビウオの驚くべき世界』エクスナレッジ、二〇一五

＊17 Sanjay Mittal and Bhaskar Kumar: Flow past a rotating cylinder, J.of Fluid Mech. (2003), vol.476, pp.303-334, 2003 Cambridge University Press.

＊18 Isogai, K. and Hirano, Y. : Optimum Aeroelastic Design of a Flapping Wing, Journal of Aircraft, Vol.44, No.6, Nov.-Dec.2007.

＊19 Okamoto, M., Yasuda, K., and Azuma, A. : Aerodynamic Characteristics of the Wings and Body of a Dragonfly, The Journal of Experimental Biology, Vol.199, Feb.1996.

＊20 井谷　清・谷　幸三『トンボの全て　改訂版』トンボ出版、二〇〇〇
＊21 野波健蔵「ドローン（飛行ロボット）の最新動向と展望」内閣府第一回近未来技術実証特区検討会資料四、二〇一五
＊22 炭田潤一郎「落ちない飛行機への挑戦」日本技術士会中部支部中部航空会、二〇〇九年六月六日講演
＊23 F. Ayoub, et al.: Threshold for sand mobility on Mars calibrated from seasonal variations of sand flux, Nature Communications, 2014.9.30.
＊24 自然エネルギー財団ホームページ
＊25 牛山　泉「洋上風力発電技術」日本海水学会誌、五十八巻四号、二〇〇四
＊26 S. F. Hoerner : FLUID-DYNAMIC DRAG, HOERNER FLUID DYNAMIC DRAG, 1965.
＊27 篠原章太朗「超小型風力発電用コルゲート翼に関する特性研究」東北大学大学院環境科学研究科博士論文、二〇一二
＊28 牛山　泉『風車工学入門』森北出版、二〇〇二
＊29 石田秀輝『地球が教える奇跡の技術』祥伝社、二〇一〇
＊30 石田秀輝・下村政嗣 監修『自然に学ぶ！ネイチャー・テクノロジー暮らしをかえる新素材・新技術（GAKKEN MOOK）』学研パブリッシング、二〇一一
＊31 岡田圭子他『Compass English communication III』大修館書店、二〇一四
＊32『国語　六　創造』光村図書出版、二〇一四～二〇一八使用
＊33 下村政嗣 代表「科研費新学術研究複合領域 H 24～28生物規範工学」文部科学省、二〇一二～二〇一六
＊34 最相葉月『東工大講義　生涯を賭けるテーマをいかに選ぶか』ポプラ社、二〇一五
＊35 L. Mahdevan, S. Rica: Self-Organized Origami, Science, 2005.3.18.
＊36 アンドレアス・ワグナー 著、垂水雄二訳『進化の謎を数学で解く』文藝春秋、二〇一五
＊37 リチャード・ドーキンス 著、吉成真由美 編・訳『進化とは何か　ドーキンス博士の特別講義』早川書房、二〇一四
＊38 矢口芳生『今なぜ「持続可能な社会」なのか』農林統計出版、二〇一三
＊39 小松計一「絹―その魅力をささえるもの（1）」科学と生物、十三巻八号、五四〇～五四四頁、一九七五
＊40 Eric Chivian et al. eds: Last Aid: Medical Dimensions of Nuclear War, W.H.Freeman & Co Ltd, 1983.1.24.
＊41 藤原結奈「つかまれ！　のぼれ！　―カエルと少女とシュロの糸」『日本の力』（テレビ朝日放送）山口放送制作、二〇一六年九月十一日放送

著者紹介

小幡　章（おばた・あきら）

1941 年　新潟県に生まれる
1965 年　東京大学工学部航空学科卒業
1970 年　東京大学工学系大学院航空学専修博士課程修了
（1972 ～ 1974 年　米国プリンストン大学留学）
1970 年　日本飛行機（株）入社，以来 30 年にわたり，宇宙機器を中心とした軽量機能構造の開発に従事
2001 年　日本文理大学教授
2004 年　小型低速流可視化水槽発明
2005 年　学内トンボ研究プロジェクトに参画，低流速の可視化とトンボ技術の応用研究に従事
2016 年　日本文理大学名誉教授，特任教授

工学博士
専門は低速空気力学，超小型機の飛行力学，開発方法論

トンボに学ぶ
飛行テクノロジーと昆虫模倣

定価はカバーに表示してあります。

2017 年 2 月 20 日　1 版 1 刷発行　　ISBN 978-4-7655-3266-2　C3053

著　　者　小　幡　　章
発 行 者　長　滋　彦
発 行 所　技報堂出版株式会社
〒101-0051　東京都千代田区神田神保町1-2-5
電話　営業(03)（5217）0885
　　　編集(03)（5217）0881
FAX　　　(03)（5217）0886
振替口座　00140-4-10
http://gihodobooks.jp/

日本書籍出版協会会員
自然科学書協会会員
土木・建築書協会会員

Printed in Japan

装幀　田中邦直　　印刷・製本　愛甲社